数学简史丛书

Pioneers in Mathermatics

谁是数学奠基者

Who is the founder of mathematics

[美] 迈克尔·J·布拉德利————著

杨延涛————译

上海科学技术文献出版社

Shanghai Scientific and Technological Literature Press

图书在版编目（CIP）数据

谁是数学奠基者 /（美）迈克尔·J. 布拉德利著；
杨延涛译 . —上海：上海科学技术文献出版社，2023
（数学简史丛书）
ISBN 978-7-5439-8778-4

Ⅰ . ①谁… Ⅱ . ①迈…②杨… Ⅲ . ①数学史—
世界—普及读物 Ⅳ . ① O11-49

中国国家版本馆 CIP 数据核字（2023）第 034295 号

Pioneers in Mathematics: The Foundations of Mathematics: 1800 to 1900

Copyright © 2006 by Michael J. Bradley

Copyright in the Chinese language translation (Simplified character rights only) ©
2023 Shanghai Scientific & Technological Literature Press Co., Ltd.

All Rights Reserved
版权所有，翻印必究

图字：09-2021-1009

选题策划：张　树
责任编辑：王　珺
封面设计：留白文化

谁是数学奠基者
SHUI SHI SHUXUE DIANJIZHE

[美]迈克尔·J. 布拉德利　著　杨延涛　译
出版发行：上海科学技术文献出版社
地　　址：上海市长乐路 746 号
邮政编码：200040
经　　销：全国新华书店
印　　刷：商务印书馆上海印刷有限公司
开　　本：650mm×900mm　1/16
印　　张：8.75
字　　数：98 000
版　　次：2023 年 5 月第 1 版　2023 年 5 月第 1 次印刷
书　　号：ISBN 978-7-5439-8778-4
定　　价：35.00 元
http://www.sstlp.com

目　录

前　言

　　人类孜孜不倦地探索数学。在数字、公式和公理背后,是那些开拓人类数学知识前沿的先驱者的故事。他们中有一些人是天才儿童,有一些人在数学领域大器晚成。他们中有富人,也有穷人;有男性,也有女性;有受过高等教育者,也有自学成才者。他们中有教授、天文学家、哲学家、工程师,也有职员、护士和农民。他们多样的背景证明了数学天赋与国籍、民族、宗教、阶级、性别以及是否残疾无关。

　　本书记录了十位在数学发展史上扮演过重要角色的数学大师的生平。这些数学大师的生平事迹和他们的贡献对初高中学生很有意义。总的来看,他们代表着成千上万人多样的天赋。无论是知名的还是不知名的,这些数学大师都在面对挑战和克服障碍的同时,不断地发明新技术,发现新观念,扩展已知的数学理论。

　　本书讲述了人类试图用数字、图案和等式去理解世界的故事。其中一些人创造性的观点催生了数学新的分支;另一些人解决了困扰人类很多个世纪的数学疑团;也有一些人撰写了影响数学教学几百年的教科

谁是数学奠基者

书；还有一些人是在他们的种族、性别或者国家中最先因为数学成就获得肯定的先驱。每位数学家都是突破已有的基础、使后继者走得更远的创造者。

从十进制的引入到对数、微积分和计算机的发展，数学历史中最重要的思想经历了逐步的发展，每一步都是无数数学家个人的贡献。很多数学思想在被地理和时间分隔的不同文明中独立地发展。在同一文明中，一些学者的名字常常遗失在历史中，但是他的某一个发明却融入了后来数学家的著述中。因此，要准确地记录谁是某一个定理或者某一个思想的确切首创者总是很难的。数学并不是由一个人创造，或者为一个人创造的，而是整个人类求索的成果。

阅读提示

在20个世纪之中，来自不同文明社会的学者提出了很多数学思想，这些数学思想标志着基础的算数、数论、代数学、几何学和三角理论的创立，也标志着天文学和物理学中一些相关科学的创立。

19世纪的数学家们孜孜不倦地对细节进行仔细推敲，这最终促使他们重新考虑数学体系的结构。高斯和其他几位数学家注意到欧几里得（Euclidean）几何中的平行公理独立于其他公理，由此他们发现了另一套系统即非欧几里得几何学的存在。阿贝尔和法国数学家埃瓦里斯特·伽罗华（Évariste Galois）发现多项式方程的解与置换群有关，同时这些群的结构与方程的性质相互对应。康托对集合论公理的研究导致对整个数学结构的重新思考。

在对数学体系结构进行研究的同时，19世纪的数学家们还为该学科创立了众多新的分支。伽罗华的思想促进了群论的发展；阿贝尔的工作创立了泛函分析；康托的创新工作标志着集合论的建立；法国数学家亨利·庞加莱（Henri Poincaré）引入许多新的理念，这些新理念建立起一系列数学新分支，如代数拓扑、混沌理论和多复变量理论。英国护士佛罗伦斯·南丁格尔（Florence Nightingale）证明了以数学的新分支统计学为基础，可以有效地为社会工作带来积极的改变。英国数学家艾达·洛夫莱斯（Ada Lovelace）第一个阐述了计算机编程过程。

19世纪数学活动传播到整个欧洲，数学不再是只为少数学术机构中受过高度训练的学者和极个别业余数学家存在的精英领域，它已可以被所有受过教育的人们所接受。不断增加的数学杂志、专业协会和国际会议提供了广泛交流数学思想的机会，不断增加的女性学者们开始为数学学科的进步作出贡献。俄罗斯数学家桑娅·柯瓦列夫斯基（Sonya Kovalevsky）、法国数学家玛丽—索菲·热尔曼（Marie-Sophie Germain）、苏格兰数学家玛丽·萨莫维尔（Mary Somerville）是其中的杰出代表。

19世纪欧洲的数学发展成熟，成为一门严格的学科，并吸引了欧洲大陆上几乎所有国家的广泛参与。数学基础结构的成形使得引入新学科分支成为可能。本书10位数学家以他们迷人的智慧和开拓性的工作为数学学科的进步和世界知识的发展作出了贡献。本书中关于他们成就的介绍，仅仅是对这些探索数学科学的先驱们生活和思想的一次走马观花式的展示。

一　玛丽-索菲·热尔曼

（1776—1831）

素数和弹性领域的发现

虽然玛丽-索菲·热尔曼（Marie-Sophie Germain）是一个独立的、自学成才的数学家，但她赢得了欧洲顶尖数学家们的尊敬和友谊。她确认了一类以她的名字命名的素数。她提出热尔曼定理，这为证明费马最后定理作出了重大贡献。有关振动面数学理论的论文为她赢得了法国国家竞赛的大奖。更令人瞩目的是，她还引入了曲面平均曲率的概念。

玛丽-索菲·热尔曼确认的一类素数解决了费马（Fermat）最后定理。这类素数最后以她的名字命名。热尔曼还因为研究振动曲面的数学理论而获奖（图片选自《格兰杰收藏》）。

 早期教育

玛丽-索菲·热尔曼于1776年4月1日出生在法国巴黎。她的父亲昂布鲁瓦兹-法兰索瓦·热尔曼热衷参与国家政治，并在法国大革命期间担任过国家议会和国民代表大会的代表。她的父亲还是一位成功的商人,曾任法国银行总裁。热尔曼的母亲玛丽-马德琳·古格鲁·热尔曼抚养热尔曼和她的两个姐妹:玛丽-马德琳和安琪莉可-昂布鲁瓦兹。热尔曼家的住宅十分宽敞,拥有一个藏书丰富的图书馆。3个女孩都有自己独立的卧室。

热尔曼成长在一个革命和变革的时代。在她童年时期,法国军队协助美国人民抗击英格兰并赢得了美国独立。1789—1799年,当法国大革命轰轰烈烈地改变法国人民的生活时,热尔曼还是十几岁的少女。1793年9月到1794年7月的恐怖统治时期,公共安全委员会逮捕了20万名市民,并将其中的大约2万—4万人送上了断头台。为了躲避这些骚乱,热尔曼在家中的图书馆里度过了大部分时光。

13岁时,热尔曼阅读到讲述阿基米德(Archimedes)的书籍。她了解到这位希腊数学家兼科学家在几何和物理方面的众多发现。其中一个故事讲道:罗马军队攻入古希腊城市锡拉库扎(Syracuse)时,阿基米德正在沙地上描绘数学线图。就在阿基米德全神贯注地思考时,一名侵略军士兵命令他:"站起来,跟我走!"而阿基米德要求士兵让开挡住的光线,并坚持要先解决数学问题。愤怒的士兵用手中的长矛刺死了阿基米德。

阿基米德的故事深深地影响了热尔曼。她很好奇数学究竟有什么魔力,甚至可以让一个人忘记生命危险。受到这个故事的激励,热尔曼不顾父母的阻止,决定学习数学。像大多数18世纪的父母一样,他们认为一个年轻女孩不适合学习数学,他们还担心这可能会毁掉女儿的头脑。当发觉热尔曼将数学书带回自己的卧室并在晚上学习时,他们采取了很多手段来阻止她。夫妇二人熄灭女儿卧室中的壁炉,在女儿躺下后拿走她的衣服,并没收了房间里所有的油灯。尽管有这样那样的阻挠,每到晚上,热尔曼还是裹上毯子,点燃藏着的蜡烛,继续阅读偷偷从图书馆借来的数学书。第二天早晨,热尔曼的父母发现她趴在桌子上睡着了,旁边墨水盒里的墨水已经结冰,他们终于同意固执的女儿继续在数学方面的学习。

自从可以自由地学习数学,热尔曼读遍图书馆里的每一本数学书。通过阅读艾蒂安·贝泽特(Étienne Bézout)的《算术论》和其他书籍,她掌握了几何和代数。她自学拉丁语,从而可以阅读艾萨克·牛顿爵士(Sir Isaac Newton)和莱昂哈德·欧拉(Leonhard Euler)的经典著作。显然,她的父母已经完全支持她学习数学,当她阅读杰奎斯·安东尼-约瑟夫·库辛(Jacques Antoine-Joseph Cousin)的著作《微分学》时,她的父母还安排作者到家里做客并与她交谈,这给予了她莫大的鼓励。

勒布朗先生

1794年,数学家拉扎尔·卡诺(Lazare Carnot)和加斯帕·蒙日(Gaspard Monge)在巴黎创建了综合工科大学,并向全国最有才华的年轻人提供数学和科学方面最高水平的训练。虽然热尔曼不能去这所学校的课堂听课,但她和里面的学生成为了好朋友并借阅他们的课堂笔记和家庭作业。当时有一位名叫安东尼-奥古斯特·勒布朗的学生放弃了学业,热尔曼就在自己的作业解答上签上他的名字,并上交给老师。在数学分析课程结束时,约瑟夫-路易斯·拉格朗日(Joseph-Louis Lagrange)教授批改完热尔曼的期末报告,对"勒布朗先生"(法语中"Monsieur"意为"先生")的优秀工作印象深刻。最终,同学告诉教授,"勒布朗先生"实际上是一位年轻的小姐,并且自学完整个课程。教授十分惊讶,并决定亲自见见这位小姐。

拉格朗日到家中拜访了热尔曼,并鼓励她坚持学习数学,还表示同意做她的导师并提供所有可能的协助。虽然拉格朗日教授也无法让热尔曼到学校参加他的课程,但他向热尔曼推荐了书籍和研究论文。此外,还当面为她解释难以理解的数学概念,并经常写信与她讨论。最重要的是,他将热尔曼介绍给许多当时欧洲顶尖的数学家。

在研读阿德里安-马里·勒让德1798年的著作《数论》时,热尔曼发展了一些新的想法和技巧。拉格朗日让她写信给勒让德,勒让德对这些结果印象十分深刻。随后的一系列通信中,勒让德帮助热尔曼彻底完善了她发展的概念,他们之间的通信已然是数学伙伴之间的合作。

1804—1812年,德国数学家卡尔·弗里德里希·高斯(Carl Friedrich Gauss)也与热尔曼互通信件。在这些信中,高斯鼓励热尔曼并给出建议。在读完高斯1801年出版的《算术研究》之后,热尔曼证明了其中一个未解决的问题并将解答寄给高斯。由于担心高斯可能因为自己的女性身份而不认真对待她的工作,她将寄出的信件签上了"勒布朗先生"的名字。与"勒布朗"通信3年以后,高斯才得知这位"先生"的真实身份。

1807年,热尔曼得知法国军队计划进攻高斯居住的德国城市布朗斯威克(Brunswick)。回想起阿基米德就是在研究数学时被士兵杀死,她担心高斯会有同样的遭遇。在她的请求下,热尔曼的父亲让朋友约瑟夫-马里·帕尼提(Joseph-Marie Pernety)将军派了一名军官到高斯家中去保护他。当高斯知道挽救自己生命的热尔曼小姐(法语中"Mademoiselle"意为"小姐")其实就是"勒布朗先生"时,他写了一封长信感谢热尔曼并更加支持她成长为一名数学家。1810年,高斯被选为法国研究院(l'Institut de France)成员。热尔曼和研究院的秘书一起为他购买了一台摆钟,这台摆钟一直被高斯所珍视。虽然两人从未见面,热尔曼和高斯的友谊却持续了一生。

 索菲·热尔曼素数

热尔曼、勒让德和高斯讨论的问题之一与质数概念有关。所谓的素数是这样:一个大于1的整数,它不能被1和自身以外的任何整数整除。例如,13是一个素数,因为13只能以13÷13=1或13÷1=13两种方式做除法而没有余数。而14或15不是素数,因为有14÷2=7和15÷3=5。开始的几个素数为2,3,5,7,11,13,17和19。这个列表可以无限地延续下去,因为素数有无穷多个。

热尔曼研究了一类特殊素数。为了纪念她,这类素数以她的名字命名。对于素数p,如果$2p+1$也是一个素数,则p就是索菲·热尔曼素数。这样的素数有2(因为$2 \times 2+1=5$是素数)、3(因为$2 \times 3+1=7$是素数)、5(因为$2 \times 5+1=11$是素数)。7不是索菲·热尔曼素数,因为$2 \times 7+1=15$不是素数。在勒让德和高斯的鼓励与协助下,热尔曼发现了这类素数的众多性质。二百年以后,数学家们仍在研究索菲·热尔曼素数,这些数在密码学中被用来制作安全数字签名。而在数论中,它们与已知的最大素数——梅森(Mersenne)素数有密切的关系。利用计算机,研究员们发现了数以百万计的索菲·热尔曼素数,其中一个超过了3.4万位。

素数p	$2p+1$	p是否为索菲·热尔曼素数
2	$2 \times 2+1 = 5$	是，因为2和5都是素数
3	$2 \times 3+1 = 7$	是，因为3和7都是素数
5	$2 \times 5+1 = 11$	是，因为5和11都是素数
7	$2 \times 7+1 = 15$	否，$15 \div 3=5$所以15不是素数
11	$2 \times 11+1 = 23$	是，因为11和23都是素数
13	$2 \times 13+1 = 27$	否，$27 \div 3=9$所以27不是素数
17	$2 \times 17+1 = 35$	否，$35 \div 5=7$所以35不是素数

如果$2p+1$也是素数，素数p是索菲·热尔曼素数。

费马最后定理

　　在研究数论中最著名的问题——费马最后定理时，热尔曼得到很多有关素数的发现。千百年来，数学家已经知道存在无穷多组正整数满足方程$x^2+y^2=z^2$，如$x=3$，$y=4$，$z=5$。17世纪30年代，法国数学家皮埃尔·德·费马（Pierre de Fermat）声称，如果指数n大于2，则没有任何整数能满足方程$x^n+y^n=z^n$。费马去世以后，数学家已经能够证明他提出的其他所有定理，因此，该定理被称为费马最后定理。大约在1660年，费马证明，当$n=4$时，这个方程无解。1738年，瑞士数学家莱昂哈德·欧拉证明，当$n=3$时，方程无解。直到1800年，数学家们也仅仅知道在这两种情况下费马最后定理成立。

　　在热尔曼写给高斯的第一封信中，她寄去了当$n=p-1$时费马最后定理的证明，其中素数p可以写作$p=8k+7$的形式。她认为，自己已经证明了该定理对于无穷多个n成立，如$n=6$，22，30和46。虽然她的证明是错误的,但高斯补充了她提出的新颖证法,并鼓励她继续研究该问题。

到19世纪20年代早期,在经过15年的研究之后,热尔曼终于有了一个重大的发现,这个成果被称为热尔曼定理。研究者们将费马最后定理分成两种情况:整数x, y, z都不能被n整除和至少有一个被n整除。在热尔曼定理中,她确定了两个条件,对于第一种情况,当这两个条件满足时定理成立。她证明这些条件对小于100的奇素数都满足,进一步解释了如何让这些条件对所有的奇索菲·热尔曼素数也都成立。

热尔曼定理是自费马定理提出以来有关这个著名问题最重要的进展。1823年,勒让德在一篇论文中正式向数学界通告了热尔曼定理,并将这篇论文提交给法国科学院(the French Académie des Sciences)——一个聚集了全国最优秀的科学家和数学家的机构。在《数论》第二版中,勒让德将热尔曼定理作为附录的一节,当年正是这本书促使了索菲开始与勒让德通信。

通过推广索菲·热尔曼素数的概念,勒让德将热尔曼的结果扩展到对所有小于197的奇素数n,费马最后定理成立。1908年,美国数学家L.E.迪克森(L. E. Dickson)进一步证明了热尔曼的结论对所有小于1 700的奇素数也都成立。热尔曼的策略十分有效,因此,数学家们不断改进它,直到1991年,还有新结果出现。仅仅过了3年,英国数学家安德鲁·怀尔斯(Andrew Wiles)最终证明了费马最后定理。

振动曲面

除了数论方面的重要工作,热尔曼在振动或弹性曲面的数学

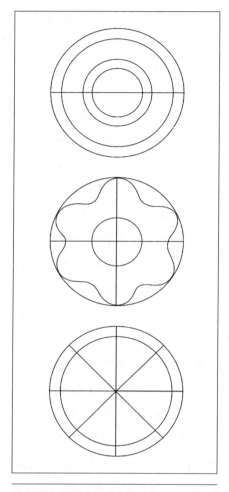

热尔曼应用弹性理论分析并解释了为什么振动曲面上的沙粒会形成可预测的图案,也因此在法国科学院主办的竞赛中赢得大奖。

解释方面也作出了重大贡献。1808年,德国物理学家恩斯特·F.F.克拉尼(Ernst F.F. Chladni)访问巴黎时,演示了一个著名的科学现象,但当时还没人能给出解释。他在一个很薄的圆形玻璃或者金属平板上均匀地撒上细小的沙粒,然后用一把小提琴的琴弓在边缘来回摩擦。在这样的振动平板上,沙粒会自发排成很规则的曲线。这些曲线叫作克拉尼图案。如果摩擦琴弓的方法不同,那么曲线的形状和数量也不同。重复这些科学演示可以得到可预测的一致结果,但是没有人能解释形成这些图案的原因是什么。

当时法国皇帝拿破仑接受过很好的数学和科学教育,他对这些振动形成的图案十分着迷。1809年,拿破仑要求数学家皮埃尔-西蒙·拉普拉斯(Pierre-Simon Laplace)组织竞赛,悬赏对克拉尼图形数学的解释。这个竞赛由法国科学院主办并评定最后的结果,竞赛时间为两年,竞赛结束时,将举办庆典并给获胜者颁发一枚由1千克黄金制成的奖章。

热尔曼和全欧洲众多数学家开始通过各种实验来提出可以解释这些图案的方程。作为评委之一,拉格朗日预言没人可以解决这个问题,因为所需的数学工具还没有被发现。当两年期限临近时,热尔曼的论文是竞赛收到的唯一成果。尽管解释图案发生原因时采用的基本方法是正确的,但是她的数学计算存在一些错误。评委会决定将竞赛延期到1813年10月。

拉格朗日帮助热尔曼修改了数学错误,他们建立了一个偏微分方程用来更精确地描述振动图案。当第二个期限到来时,这篇修改后的论文仍然是唯一竞争者。这一次,基于拉格朗日的方程,热尔曼给出的理论结果与相当多情况下的实验结果比较符合,但是仍然不能完全解释振动曲面的所有现象,而且她错误地使用了还没有完全掌握的二重积分技术,同时也没有说明如何用物理原理得到拉格朗日方程。评委会对她做出口头上的赞扬,但又一次将竞赛延长了两年。

1815年,热尔曼提交了第三份论文,她讨论了平面和任意弯曲曲面的振动问题。虽然她的工作仍然没有完全解释所有出现的图案,但是评委会被理论中的独创性和精致所折服,评委会颁发给热尔曼一个特别大奖(prix extraordinaire)。她没有参加于1816年1月8日举行的颁奖礼,也没有领取金质奖章,很可能是因为她不习惯成为大型公众集会的焦点。热尔曼于1821年自费出版了《对弹性曲面问题本质、限制和范围的注释及其一般方程》,文中给出推广和改进后的理论。虽然这个理论还不完整,而且论文中还存在数学错误,但是它促进了科学对话,并激励其他人继续各自的工作。在这篇文章中,热尔曼给出一般振动曲面的规律。这个规律由一个四阶偏微

分方程描述:

$$N^2\left[\frac{\partial^4 p}{\partial x^4}+2\frac{\partial^4 p}{\partial x^2 \partial y^2}+\frac{\partial^4 p}{\partial y^4}-\frac{4}{S^2}\left(\frac{\partial^2 p}{\partial x^2}+\frac{\partial^2 p}{\partial y^2}\right)\right]+\frac{\partial^2 p}{\partial t^2}=0$$

方程中,N代表曲面厚度,S表征曲面曲率,t代表时间,x和y是曲面上某点的坐标,而p表示振动的振幅。奥古斯汀-路易斯·柯西(Augustin-Louis Cauchy)称赞这篇论文将为作者带来永久的声望。同样研究振动理论的克劳德·纳维(Cloude Navier)对她论文中方法的复杂性十分称道。

1822年,科学院常任秘书让-巴提斯特·约瑟夫·傅立叶(Jean-Baptiste Joseph Fourier)安排热尔曼参加学院及其上级机构法国研究院的会议,热尔曼成为第一个不是以成员夫人的身份出席会议的女性。这些会议使她能更多地与他人讨论当前的研究,并有更多的机会与法国主要数学家会面。

在此后的10年里,热尔曼继续发展振动曲面理论,并写出另外3篇论文。1825年,她向法国研究院提交了《关于弹性曲面理论中厚度函数的研究报告》,文中她解释了不同厚度的平面如何不同地振动。这篇论文存在一些数学错误,但是被阅读它的数学家们所忽略。55年之后,这篇文章被重新发现,并于1880年发表在法国《纯粹数学与应用数学杂志》上。

热尔曼1828年的论文《对理解弹性固体平衡和运动规律的可能原则的研究》发表在《化学与物理年报》上。其中,她回应了西莫尼-德尼·泊松(Siméon-Denis Poisson)。之前,泊松批评她的工作并发表一个对应的理论来从分子层面解释振动现象。热尔曼为她的理论辩护并给出这样的观点:数学研究的目的是用数学术语来解释现象,而不提供理论来描述现象发生背后的原因。此后的20年里,数学家更愿意使用泊松的振动分子理论，但是现代弹性理论的基础却是热尔曼和拉格朗日推导的方程。

1830年，热尔曼发表了有关振动曲面的最后一篇论文。这篇《曲面曲率的研究报告》发表于德国的《纯粹数学与应用数学杂志》。她在文章中总结了振动曲面的完整理论，并解释了曲面平均曲率的概念，这个概念是她在研究过程中提出来的。曲面曲率是由二维曲线的曲率推广而来的，高斯已经引入名为高斯总曲率的度量，这个量等于曲面上每点最大和最小曲率的乘积。热尔曼对此加以修改。她使用每点最大和最小曲率的平均。在弹性理论应用中，平均曲率更为有用，数学家们在研究中使用平均曲率来研究不同类型的几何连续。

 ## 哲学著作

热尔曼除研究数学之外，还写了一些哲学主题的短文。其中，两篇短文和一篇短传记以及她与其他数学家的通信选集于1879年发表，书名为《索菲·热尔曼的哲学著作》。在第一篇文章《丰富的思想》中，热尔曼简短地描述了科学中的几个主题，评价了一些优秀数学家和科学家们的贡献以及她对多个主题的个人看法。第二篇文章《对科学和文学所处状态的一般思考》，讨论了科学、哲学、文学和美术共有的目的、方法以及在文化中的重要性。奥古斯特·孔德（Auguste Comte）很赞赏这篇短文，他认为这是对思想统一这一主题的学术性发展。

尽管在1829年医生诊断出热尔曼患有乳腺癌，但是疾病并没能阻止她完成后续的研究工作。在生命的最后两年里,她写出了有关曲面曲率的最后一篇论文,并不断地与其他数学家和科学家们通信。她还写了短文《方程 $4(x^p-1)/(x-1)=y^2\pm pz^2$ 中 y, z 和 $4(x^p-1)/(x-1)=Y'^2\pm pZ'^2$ 中 Y', Z' 的组合方法的注释》。这篇文章于1831年发表在德国的《纯粹数学与应用数学杂志》上。高斯说服德国哥廷根大学授予她数学荣誉学位,但不幸的是,典礼还没来得及安排,热尔曼就于1831年6月26日去世,享年55岁。

 结语

索菲·热尔曼在两个数学领域——弹性理论和数论方面作出重大贡献,影响深远。在那篇获奖论文里,她发展了一系列概念。基于这些概念,数学家们已经建立起一套完整的理论。该理论正确地解释了振动曲面现象,由她引入的曲面平均曲率概念一直被几何学家们使用。数论家们认为,在350年的费马最后定理的证明史中,热尔曼定理是重要的里程碑之一。现在数学家们仍在不断地使用计算机进行比赛,寻找最大的索菲·热尔曼素数并打破原有的纪录。

巴黎市设立了3处纪念碑来表达对她的尊敬。在萨瓦街13号(13 rue de Savoie)——热尔曼去世的建筑里,人们在墙上安装了一块纪念铭碑,来标记这个具有历史意义的地点。为了纪念热尔曼的荣誉,巴黎市民们用她的名字来命名一条街道——索菲·热尔曼街(Rue Sphie Germain)以及一所学校——索菲·热尔曼学校(École Sphie Germain)。

二 卡尔·弗里德里希·高斯

（1777—1855）

数学"王子"

卡尔·弗里德里希·高斯（Carl Friedrich Gauss）是19世纪排第一位的数学家。他的著作《算术研究》统一了数论科学。在他60年学术生涯的前10年里，高斯证明了算术学基本定理、代数学基本定理、二次互反律和正多边形的可构造性，他发明了最小二乘方法和高斯曲率技术。他的数学思想影响了数据分析、微分几何、势论、统计学、微积分学、矩阵理论、环论和复变函数理论。作为一名物理学家，他还在天文学、测地学、磁学和电学方面作出重大贡献。这位"数学王子"被认为是有史以来最伟大的三位数学家之一。

卡尔·弗里德里希·高斯，从数学神童成长为19世纪最伟大的数学家。他几乎在数学和物理的所有领域都有贡献（感谢美国物理研究所埃米里奥·塞格雷可视化档案，布里特尔书藏）。

少年神童

约翰·弗里德里希·卡尔·高斯于1777年4月30日出生于德国布朗斯威克（Brunswick）。从很小的时候起，他就自称为卡尔·弗里德里希·高斯，此后一生中，他以此作为研究论文和所有信件的签名。他的父亲格哈德·狄特里希·高斯当过园丁、砖匠和运河上的工长，他的母亲多萝西亚·本茨·高斯是一位女仆。高斯还有一个哥哥。

高斯在非常小的时候就显露出天才的迹象，两岁时，他通过读出单词中的每一个字母来自学阅读。他的父亲每周会给工人发工资，小高斯发现并改正了父亲算错的钱数，这时他只有3岁。当10岁的他心算出1+2+3+…+98+99+100的结果时，老师布特纳（Büttner）先生十分惊讶地发现，他将100个数分成50组，这样每组两个数的和都是101，所以总和为5 050。高斯表现出深刻的洞察力，他向老师解释一列等间距分布数列（即等差数列）的和，等于将第一个和最后一个数相加，然后乘以数列中元素个数的一半。

$$\sum_{k=1}^{n} R = \frac{n(n+1)}{2} \cdots 当 n=100 时$$

$$\sum_{k=1}^{100} R = 1+2+3+\cdots+98+99+100 = \frac{100(101)}{2} = 5\,050$$

当10岁的高斯对1—100求和时，他重新发现了这个等差数列的经典求和公式。

布特纳是发现高斯数学才能的几个人之一，并对这个有天赋的年轻人表现出特别的兴趣。布特纳借给高斯课外书籍让他学习,并劝说高斯的父母同意让他在课余时间跟随导师马丁·巴特斯(Martin Bartels)研究最新的思想,巴特斯后来成为喀山(Kazan)大学的数学教授。在高中时期,卡洛琳学院(Caroline College)的数学教授E. A. W. 齐默尔曼(Zimmerman)给予高斯额外的指导,并在1791年将他介绍给布朗斯威客公爵——卡尔·威廉·费迪南(Karl Wilhelm Ferdinand)。惊叹于高斯的数学天资,公爵决定资助他,费迪南公爵为高斯支付大学教育费用并提供长达15年的资助,这使高斯能够专注于他的数学研究。

最小二乘和二次互反律

1792年,年仅15岁的高斯进入布朗斯威克的卡洛琳学院,在那里他度过了多产的3年。他发明了两种方法将一个数的二次方根精确计算至小数点后50位,他研究了欧几里得平行公理不成立时的几何体系,并确定在这个非欧几何体系中成立的众多性质。高斯具有对一大组数进行快速计算的天赋,这使他能够做出另外两个重要的发现,其中任何一个都可以为他在数学界赢得巨大的名誉。

在研究单个值的变化对整组数据平均值的影响时,高斯发明了最小二乘法。对一组画在图表里的数据点,这个数值技术提供一个系统的方法,使用该方法,能确定一条通过数据点集合的直线或者曲线,使这条线经过或尽可能靠近更多的点。作为数据分析中最重要的方法之一,高斯的最小二乘法经常用于统计学和其他所有的科学领域。特别是当处理的数据可能包含由不精确测量和自然变化引入的误差时,最小二乘法十分有效。

高斯还发现了完全平方数和质数之间一个深奥且重要的关系。完全平方数是指可以写成二次方幂形式的整数，如 $49=7^2$ 和 $100=10^2$；质数是指不能被 1 和本身以外其他所有正整数整除的数，如 2、3、5 和 7。他注意到，可以用质数 3 和 13 组合出很多完全平方数，可以由 13 出发加上若干个 3，例如：

$$13+3×4=25=5^2 \text{ 和 } 13+3×12=49=7^2$$

或者从 3 出发加上若干个 13，例如：

$$3+13×6=81=9^2 \text{ 和 } 3+13×22=289=17^2$$

他还观察到，对于质数 3 和 7，可以从 7 出发加上若干个 3 组成完全平方数，例如：

$$7+3×6=25=5^2 \text{ 和 } 7+3×19=64=8^2$$

但是从 3 出发无论加上多少个 7 也不能组成完全平方数。他进一步发现，对于质数 3 和 5，无论从 3 出发加上若干个 5，或者从 5 出发加上若干个 3，都不能组成完全平方数。

高斯发现一种模式可以用来判断这几种情况，对于两个奇质数，该模式可以确定是否能从其中任一个出发组合出完全平方数，或者只能从一个出发得到完全平方数，或者都不可以。他注意到问题的关键是观察两个质数被 4 除时会发生什么，如果质数 p 和 q 都得到余数 3，就可以从一个出发得到完全平方数，而另一个则不可以。如果 p 和 q 中一个或两个都得到余数 1，则或者从两个数出发都可以得到完全平方数，或者都不可以。此后数论家们花了 50 年来证明这个二次互反律，欧拉和勒让德分别于 1783 年和 1785 年给出该定律证明的重要部分，而高斯则于 1795 年给出了详细的数学论证，最终建立

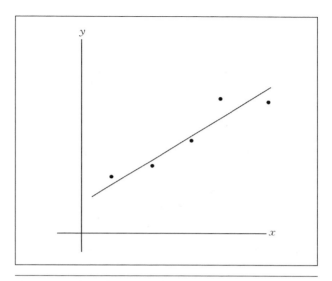

作为一名大学生，高斯发明了最小二乘法，这种方法可以为一
组数据点拟合出一条回归线。

起这个重要的定理。此时他再过一个月才到18岁生日。

 大学生涯

　　1795年，高斯从卡洛琳学院毕业后，进入哥廷根（Göttingen）大学，打算在数学或者语言学即研究语言的科学方面取得学位。1776年，他证明可以使用直尺和圆规画出正17边形——拥有17条相等边和17个相等内角的多边形；他证明了割圆多项式的根，并根据相关结论得到一个一般的几何结果。这个结果指出，如果n可以表示为2的幂与几个不同费马质数乘积的形式，则可以通过尺规作图画出正n边形。所谓费马质数，是指可以写为$2^{2^k}+1$形式的质数。齐默

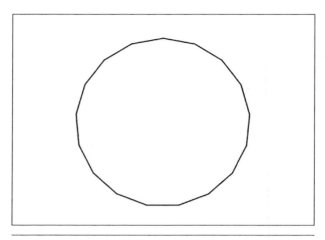

正17边形的欧拉构造,坚定了高斯继续数学事业的信心。

尔曼在《普通文学杂志总目》1796年6月卷上的"新发现"部分,公布了高斯的证明。这个经典问题已经困扰数学家长达2 000年之久,直到高斯的证明才成功地给出解答,这也坚定了他献身数学的信念。高斯把这个发现当作自己最伟大的成就之一,并要求在自己的墓碑上刻上正17边形。

高斯在哥廷根大学的3年里,不仅证明了许多经典猜想,还为已知结论提出新的证明方法。他第一个证明了算术学基本定理——即每个正整数都可以写成质数乘积的形式,并且这种形式是唯一的;他重新发现了有关算术—几何平均的结果和二项式定理。后来他回忆说,哥廷根大学学习的这段日子里,新想法不断产生,使他很难把所有的都记录下来。

1798年,高斯转到赫尔姆施泰特(Helmstedt)大学。这个规模更大的学校有更丰富的数学藏书,高斯在这里有更多的机会接触到经典的和最新的数学研究成果。在约翰·弗里德里希·普法福

(Johann Friedrich Pfaff）的指导下，高斯于一年后完成学业并获得数学博士学位。他的博士论文的题目是《关于任何单变量有理整函数都可以分解为一阶或二阶实因子的新证明》，文中他首次完整地证明了代数学的基本定理。许多数学家，包括牛顿爵士、欧拉、拉格朗日等，都曾试图证明这个关于多项式因子的基本原理，但都以失败告终。

 算术学研究

高斯的早期研究主要集中在数论领域，也就是研究整数与算术相关性质的数学分支。他认为，数论是数学中第一位和最重要的部分，因此，他将数论称为"数学中的女王"。1801年，他将自己的研究工作成果出版在著作《算术研究》中。书中用了7章的篇幅系统地总结了前人的成果，为该领域内一些最困难的问题给出了自己的解答，并提出新的概念和挑战，这为以后的数论家指明了研究的方向。其中还包括二次型、同余整数、质数分布和模方程方面的新内容。此外，还有正17边形的构造、二次互反律、算术基本定理和代数基本定理的证明。高斯以这本书来感谢费迪南公爵对他的支持和鼓励。

此书一经发表，就被全欧洲的顶尖数学家们尊为大师级作品。拉格朗日在给高斯的一封信中这样写道：这本书使高斯进入欧洲顶尖数学家的行列。比利时数学家勒热纳·狄里克莱（Lejeune Dirichlet）旅行时总要带着一本《算术研究》，甚至睡觉时枕头下面也要放上一本。该书统一了数论理论，从此，数论成为数学研究的重要领域。虽然获得众多一流数学家的赞扬，但是书中充满高斯式的简洁、十分精简的说明、严密的论证以及超前的数学本质，致使一般数学家很难理解书中的内容。直到50年后，经过狄里克莱和其他数学家给出补充说明和重新解释，这本书才被大多数数学家所理解。现在，由于书中包含数论中许多重要结果的极佳证明，数学家们把它看作是有史以来最伟大的数学著作之一。

天文学

在完成数论著作以后，高斯开始对天文学感兴趣。1801年元旦，意大利西西里岛（Sicily）巴勒莫（Palermo）天文台的天文学家朱塞普·毕亚齐（Giuseppe Piazi）神父观测到一颗新的小行星，并命名为谷神星（Ceres）。在这颗小行星进入太阳背影以前，神父连续观测了41天并记录下位置，他估计大约10个月以后它将会在太阳的另一侧重新出现。许多数学家、科学家和天文学家都没能成功地预测谷神星重新出现的准确时间和位置，而高斯利用自己发明的最小二乘法，仅凭毕亚齐观测结果中的3个位置的数据就重现了谷神星轨道的精确方程。高斯将结果写成论文《谷神星轨道的倾斜》，但没有给出所使用的技巧。这篇文章发表在德国最重要的天文杂志《地理和天文知识月度通信》的9月卷上。12月7日，天文学家们重新观测到谷神星，结果与高斯预测的位置完全一致。这个成就为高斯建立起应用数学家的声誉。

这一次的预测成功使高斯一生都在关心天文学。高斯在1802至1808年间共发表了15篇论文，提出他在行星、彗星和小行星轨道方面的观察和理论，其中包括1808年发表在《月度通信》上的文章《对婚神星（Juno）、灶神星（Vesta）和智神星（Pallas）的观测》，文中他给出了这3颗新发现的小行星的精确轨道方程。1806年,费迪南公爵去世以后,高斯拒绝了几所大学提供的数学教授职位。1807年,他就任哥廷根大学天文台台长,并在这一职任上任职长达48年之久。在这个职位上,他积极研究理论天文学一直到1818年,并持续教授数学和天文学课程到1854年。1855年之前,他一直定期发表关于天文观测的成果。

在19世纪的前10年里,高斯的生活中发生了众多的大事,对他以后的人生造成了重大影响。1805年,高斯迎娶了当地一位制革工的女儿约翰娜·澳斯多夫。在1809年去世之前,她为高斯留下了3个子女:约瑟夫、威廉米娜(英语中叫作米娜)和路德维希(英语叫作路易斯)。他们的名字分别来自谷神星、智神星和婚神星的发现者:朱塞普·毕亚齐、威廉·奥伯斯和路德维希·哈丁。高斯把这段与第一任妻子的4年婚姻看做是一生中唯一的幸福时期。约翰娜去世一年后,高斯与哥廷根大学法律教授的女儿弗里德里卡·威廉米娜·沃尔德克结婚。他们也有3个孩子:尤金、威廉和特莉丝。前妻和资助人公爵的相继去世,还是给高斯带来了巨大的失落,虽然一生中给同行们写过数千封信件,但是高斯拒绝与他们建立更深厚的友谊。高斯与多数子女之间关系冷淡,一生中也没有亲密的朋友。

1809年,高斯出版了他在天文学理论方面的主要成果,这部书名为《圆锥截面内的绕日天体运动理论》,共分上下两卷。上卷给出必要的数学背景知识,主要是微分方程和圆锥截面;下卷解释如何应用最小二乘法确定小行星、彗星、卫星或行星的轨道。天文学家们认为这是对该领域重要的贡献。因为它给出严密的数学技巧来确定行星的轨道,而不用预先假设行星轨道是圆形、椭圆、抛物线还是双曲线。

虽然1802至1818年间高斯发表的65部书和论文大部分是天

文学方面的,但他同时也发表了一系列有关天文学背后隐藏的数学理论和其他数学主题的论文。这一时期,他的数学论文主要发表在《哥廷根皇家科学协会述评》上。在1808年的文章《奇异级数求和问题》中,高斯引入了高斯和的概念。他在1812年的文章《无穷级数的一般研究》中,给出无穷级数的严格处理方法,并引入超几何函数。他还为发展中的势论领域提出重要思想,这些思想出现在1814年的文章《采用新方法处理均匀圆球或椭球体吸引力的理论》中。同年,他在近似积分方面作出重要贡献,并发表论文《近似寻找积分值的新方法》。1816年,在《天文学杂志》上发表的文章《观测精度的确定方法》中,他给出了有关统计学估计量的分析。

 ## 学术纷争

1809年,高斯的《运动理论》一经出版,就被众多争论围绕。3年前,勒让德发表了著作《确定彗星轨道的新方法》。在附录的一节中,勒让德给出最小二乘法。他指责高斯偷窃了他的思想并据为己有。此后的许多年,勒让德一直苦苦争取大家承认他对这个成果的优先权和最小二乘法的发现权。高斯则坚称,他在大学时期就发现了这个方法并用来确定谷神星的轨道,但是他拒绝发表正式文章来支持他的声明。

高斯的一生中不断出现类似的争论。爱尔兰的威廉·罗威·哈密尔顿(William Rowan Hamilton)宣布,他发现了不可交换的代数对象并称之为四元数;法国的柯西发表了有关复变函数积分的重要定理;德国的卡尔·雅可比(Carl Jacobi)写出椭圆函数的重复特性。

高斯宣称,他几年前就做出了这些结果,只是没有发表而已。当匈牙利人亚诺斯·波尔约(Janos Bolyai)和俄罗斯人尼古拉·罗巴切夫斯基(Nikolai Lobachevsky)公布有关非欧几何学的发现时,高斯又一次声称,他在卡洛琳学院时就得出了同样的结论。

高斯之所以卷入这些争论,是因为他是一个完美主义者。在对一个主题没有透彻研究并对结果进行精炼之前,高斯不会公布相关的发现,这是他在数学研究中坚持的哲学理念。高斯的座右铭是"简短,但成熟"。因此他不断地重复钻研得到的证明,寻找更简练的论证和更完美的解释。他一生中用4种不同方法来证明代数基本定理,给出二次互反律的8个证明。他发表的每一篇数学论文和著作都为数学的发展作出了重大贡献,但是批评他的人指责他不愿意与他人分享未发表的工作,因此,在数学界内制造敌意,也可能推迟数学发现的进展。

高斯在一部持续18年之久的日记中记录那些第一次出现在他面前的数学发现。这部日记一共有146篇,每一篇都简短解释他发现的一个结果,并记录相应的日期。其中第一篇写于1796年3月30日,记录了如何构造正17边形的结果。这个成果记录本应能够解决很多争端,但是直到去世,高斯也不允许任何人阅读。他的日记最终于1898年出版。这部日记以及他生前与其他数学家的数千封通信,支持了他对那些争议成果的声明。

大地测量学和微分几何

1818—1828年,高斯把主要精力集中在研究大地测量学以及微分几何学背后隐藏的数学原理上。大地测量学是有关大地测量和绘制地图的科学，而微分几何学是处理有关弯曲表面研究的数学分支。他开始研究大地测量学主要是为了确定他的天文台在地球表面的准确位置，从而对天体进行精确的观测。1822年，高斯的论文《问题的一般解法：将给定曲面上的图像在另一曲面上重新表述并保持所有细节与原图像相似》在丹麦哥本哈根研究院主办的竞赛中获得头奖。其中，他第一个给出等角投影的一般处理办法，并引入等距投影的初步思想。这篇文章和随后一些工作一起建立起高斯-克吕格投影，应用这种投影，地理学家们可以精确绘制地球的平面地图。

他在微分几何学方面的主要成果是1827年的论文《弯曲表面的一般研究》，发表在《述评》上。在这篇文章中，他总结了一个世纪以来微分几何的成果，引入被称为"高斯曲率"的概念，高斯曲率采用微积分技术来量化曲面的弯曲。文中高斯还证明了"著名的定理"：曲面等角投影保持高斯曲率不变。

英国国王乔治四世（George Ⅳ）于1820年委托高斯勘测汉诺威（Hanover）地区。这片区域位于德国北部，共计1.5万平方英里，当时正处于英国统治之下。为使测量更加精确，高斯发明了回光仪，这个仪器使用透镜和镜子反射太阳光线，使得5千米外的观察者也能看见。他设计了一个机械装置，每4分钟就可以自动调整回光仪，这样就消除了地球自转时太阳位置连续变化的影响。在主持这个项目的20年里，高斯共计进行了数千次测量和超过百万次的计算。当项目结束时，他失望地发现，虽然得到的地图对于地理和军事用途十分有用，但是对于大地测量却意义不大。此外，高斯原本希望可以使用观测结果计算出地球的半径，但是收集的数据精度不够，也只能作罢。

磁学与电学

1828—1840年，在对汉诺威地区进行大地测量和继续主持哥廷根天文台工作的同时，高斯主要研究了磁学和电学理论。1828年，高斯参加在柏林举办的一个为期3周的科学会议"自然研究者会议"，在会上他结识了年轻的德国物理学家威廉·韦伯（Wilhelm Webber），韦伯当时正在进行电磁学实验。两人开始合作，并在随后7年里取得了大量成果。他们在哥廷根大学共同设计并建造了一座实验室来进行他们的实验，整个实验室完全采用非磁性材料建造。1833年，两人发明了电磁电报装置，并设计了一组编码，由此两人可以互相发送信息，传输速度为每分钟8个单词。他们在相距1 600米的天文台和实验室之间接上电线，并使用这种方法互相通信了好多年。他们的模型没有发展为商业产品。因为差不多同一时间，美国和瑞士发明家塞缪尔·莫尔斯（Samual Morse）和卡尔·奥古斯特·冯·斯坦海尔（Carl August von Steinheil）更迅速地推广了他们发明的电报。高斯和韦伯创建磁学协会，在全世界范围内设立观测网来测量地磁场在地表的磁力，同时还创办杂志《年度磁学协会观测结果》。1837—1842年，这个杂志一直发表协会成员的研究结果。通过这次世界范围内科学家的合作，1840年《地磁学地图》诞生。地磁学研究地表不同位置的磁场力，高斯作出的贡献促进了人们对这门学科的理解。他发明了回线磁力计，该仪器可测量地球磁力的强度。他于1833年在《述评》杂志上发表论文《通过绝对测量重新得到的地球磁场强度》，其中，介绍了如何系统地利用距离、质量和时间的绝对单位来测量非力学量。1839年，他的文章《地磁学的一般理论》发表在《结果》杂志上。文中，他证明地球上只能存在两个磁极——地磁北极和地磁南极，他在理论上确定了地磁南极的位置，并指出它并不与地理南极重合，而地理南极是地球自转轴的端点。1840年，他又写出论文《满足平方反比律的吸引力和排斥力之间关系的一般学说》，第一次将势论作为数学议题给出系统的处理方法。高斯认为，他在势论方面的成果和最小二乘法是理论科学和可观测自然现象之间的重要链接。

1835年，高斯在电学和磁学领域作出了最重大的贡献，他提出被称为"高斯定律"的原理。这个定律指出，通过任意封闭曲面的电流净值，正比于该曲面包围的电荷总值，这个成果直到高斯去世后才出版。麦克斯韦方程组用4个方程描述统一电磁场理论，其中一个就是高斯定律。为了纪念这一贡献的重要性，科学家们将"高斯"作为厘米-克-秒单位制中的磁场单位。

其他发现

除了天文学、大地测量学、磁学和电学方面，高斯还在其他科学领域作出贡献。他发展了研究液体流动的数学方法，还在声音的声学方面进行基础研究。光学方面，高斯发表了诸多论文，讲述多透镜的设计问题。他还发明了名为"高斯目镜"的透镜组，这个仪器至今仍在使用。

数学领域内，高斯不止在数论、几何、微分几何、复变函数论和势论方面做出成果，他研究出新方法来求解微分方程，他的关于弯曲面的工作为拓扑学新领域作出贡献。钟形曲线、正态（高斯态）分布、超几何分布函数的发现，推进了统计学方面的数学知识。他为矩阵理论引入了高斯消元法，数学家们使用这个方法可以求解联立线性方程组问题。高斯整数——即实部和虚部为整数的复数——一直是环论中的基本概念。当他被问到为何会做出如此众多的重要发现时，高斯回答说任何人只要像他一样艰苦和长时间地集中精力，都可以取得同样的成就。

晚年的高斯采取更多种方式服务于他在哥廷根大学的团体。他指导多个博士生进行数学研究，其中，包括理查德·戴德金（Richard Dedekind）和本哈德·黎曼（Bernhard Riemann）。他们后来都成长为有成就的数学家。高斯还多次担任学院的系主任，利用统计学知识和阅读外文报纸的能力为"寡妇基金"进行国际投资，以此为已故职员的妻子和家庭提供经济支持。他采用同样的精明策略管理自己的财务，并积累了可观的个人财富。1855年2月23日，高斯在哥廷根的家中无疾而终，享年77岁。

结语

高斯定义了整个19世纪的数学，并在多个物理学分支作出重大贡献。他的大师之作《算术研究》给出二次互反律、算术学和代数学基本定理的证明，正多边形的可构造性，以及他在二次型和模运算方面的成果，这些结果使数论成为数学中一个统一且重要的分支。他发展了高斯曲率的概念，这个严格技巧一直是微分几何的中心。最小二乘法已经成为所有定量学科中数据分析的根本方法。高斯在势论、统计、微积分、矩阵理论、环论和复变函数论等领域作出重要贡献,这不仅在他的时代塑造了这些数学分支,而且显示出持久的重要性。高斯定律是电磁理论的主要结果,此外,他还给出天文学上确定行星轨道的方法、大地测量学中弯曲面的投影,以及地磁学理论,这些结果都是相应物理学领域的核心概念和技术。

终其一生,因为极高的天赋和众多的重大贡献,高斯赢得了崇高的荣誉,与他同事的数学家们称他为"数学王子"。高斯与古希腊伟大数学家阿基米德类似,解决了当时几乎所有的主要数学问题,在几乎所有数学分支领域作出了贡献,并发明许多实用仪器;与英国人牛顿类似,高斯考虑数学和科学中的经典问题,并发现被别人忽略的深奥真理。在数学史上,阿基米德、牛顿和高斯三人被誉为最伟大的三位数学家。

三 玛丽·费尔法克斯·萨莫维尔

（1780—1872）

19世纪的科学"女王"

玛丽·费尔法克斯·萨莫维尔（Mary Fairfax Somerviue）是19世纪欧洲数学和科学界的杰出女性之一。萨莫维尔只接受过很短时间的正规教育，但是她一生坚持不懈地自学，并精通先进的数学和科学理论。她通过实验研究太阳光线如何影响钢针、蔬菜汁和化学处理过的纸张，她撰写有关彗星的著作，并致力于女性教育。她的主要成是写就了天文学、物理学、地理学和显微结构方面的4部书籍，这些著作畅销于整个欧洲和美国，使普通民众也能理解先进的科

玛丽·费尔法克斯·萨莫维尔利用她的数学知识创作出广受欢迎的科学书籍，涵盖天文、物理、地理和显微结构等领域（感谢国会图书馆收藏）。

学理论。作为一个作家，她在多个科学领域取得成就，这些成就为她在数学和科学界赢得了国际声誉。

苏格兰的早期生活

玛丽·萨莫维尔出生于1780年12月26日。她的父亲威廉·乔治·萨莫维尔在英国海军服役，最终升为海军中将。母亲玛格雷特·查特斯·费尔法克斯在苏格兰耶德堡生下女儿玛丽。

玛丽家拥有很多显赫的亲属，其中包括美国第一任总统乔治·华盛顿。但是玛丽一家的生活十分简朴，仅凭父亲的海军薪水生活。童年的玛丽生活在苏格兰本泰兰的一个海滨村庄，家中还有姐姐玛格雷特、2个兄弟塞缪尔和亨利以及另外3个后来夭折的小孩。父亲的职位晋升为家庭带来额外优势，尤其是使孩子们有机会接受教育。

1789年，父母将玛丽送入穆塞尔堡（Musselburgh）的女子贵族学校。她在那里接受了一生中仅有的一年正式教育。学校女校长普利姆罗丝小姐教授学生练习良好的姿态，学习合适的礼仪，并让学生背诵塞缪尔·约翰逊（Samuel Johnson）的《英吉利语言辞典》中的内容。虽然玛丽不喜欢学校的严苛纪律，但是她学会了使用英语和法语阅读和写作，并培养起持续一生的阅读兴趣。

在从十几岁到刚过二十岁的几年里，玛丽和家人每年都到苏格兰首都爱丁堡过冬。每年她都要花好几个月去参加不同的女子精修学校，学习上层社会中有文化的年轻女士应该具备的技能——缝纫、弹奏钢琴、跳舞、素描、油画以及使用拉丁语和希腊语阅读。她喜欢多种社交活动，如派对、舞会、戏剧表演和音乐会。她逐渐被朋友们昵称为"耶德堡玫瑰"。

接触数学

玛丽接受的数学教育十分偶然和零散。13岁时,作为一名女校的学生,她第一次正式参加算术课,很快就掌握了算术规则。在一次茶会上,玛丽发现一本女性时尚杂志上有一道智力游戏题,她开始对代数产生兴趣。所谓代数,是将算术规则用一般形式表达出来的数学分支。女校并没有代数课程,但是她兄弟的导师高(Gaw)先生为她简单解释了代数学的一些基础概念。玛丽曾参加在亚历山大·内史密斯(Alexander Nasmyth)学院的绘画课程,在一次课上,她无意听到老师给一个男生的建议,那位老师说,如果想学习更多有关透视理论的内容,应该去研究算术和几何的经典著作——欧几里得的《几何原本》。在那个时代,一个年轻小姐不太适合亲自购买这样的书籍,因此,玛丽请求老师为她买了一套《几何原本》。

玛丽知道父母不会认同她的数学兴趣,因此,每天晚上她在卧室使用蜡烛学习数学。当女仆向玛丽的父亲抱怨家里的蜡烛供应总是不够时,他们发现了玛丽的秘密行为。母亲认为玛丽对数学感兴趣是种耻辱,而父亲担心这会导致她患上精神疾病,这也是那一时期流行于整个欧洲的社会态度。

第一次婚姻与独立

刚过20岁时,玛丽重新见到远方表兄塞缪尔·格雷格(Samuel

Greig）。格雷格当时是俄罗斯海军上校，正在玛丽父亲的战舰上完成训练任务。1804年5月，他被指派担任伦敦俄罗斯大使馆的一个职位，随后这两位表兄妹结为连理。虽然格雷格是受过良好教育的专业人士，但是他也认为妇女没有必要接受教育，并且不鼓励妻子学习数学。在1807年丈夫去世前，玛丽生下两个儿子，沃伦佐和威廉·乔治。丈夫留下的遗产足以让她舒适地生活下去，这使得她可以继续接受教育，并追求她的数学和科学爱好。

通过独立阅读和学习，玛丽逐渐掌握了代数、三角和几何学的方法。这些数学背景使她能够阅读并理解天文学和其他科学领域的著作。她没有机会进入为女性开办的高等教育机构，也很难联系到受过教育并愿意与她讨论阅读内容的学者。这些障碍以及亲属和朋友的反对与劝阻，令她的学习进度十分缓慢。直到几年之后，她才找到一群志同道合之士，这些人都受过良好的教育，并有着赞同女性接受高等教育的理念。

数学教授威廉·华莱士（Wallace）就职于苏格兰格利马洛（Great Marlow）的皇家军事学院，他正是与玛丽频繁通信的学者之一。华莱士不断鼓励玛丽，经常提供建议，并推荐阅读书籍。依照华莱士的建议，她建立起丰富的私人藏书，数学才能也迅速地提高。华莱士帮助她阅读难懂的书籍，例如英国数学家牛顿的《数学原理》，法国数学家皮埃尔-西蒙·德·拉普拉斯（Pierre-Simon de Laplace）的《天体力学》等等。在华莱士的鼓励下，她尝试解决每期苏格兰杂志《数学知识库》上刊登的数学难题，并定期提交自己的解答。1811年，她发表的一个解答获得银奖。

第二次婚姻和科学生涯的开端

1812年5月,玛丽与嫡堂兄威廉·萨莫维尔博士结婚。威廉是一名军医,并担任苏格兰军队医院的主管。虽然玛丽就出生于威廉父母位于耶德堡的住宅中,但是此后30年里两人很少见面。与第一任丈夫格雷格上校不同,萨莫维尔博士十分支持玛丽在数学、科学和教育方面的兴趣。在丈夫的鼓励下,她强化有关希腊语的知识并开始对植物学研究感兴趣。两人还一起阅读地质和矿物学方面的书籍。

此后的5年,玛丽·萨莫维尔又生下4个小孩——玛格雷特、托马斯、玛莎·查特斯和玛丽·夏洛特。她担负起子女的教育责任,亲自教授5个孩子所有科目的知识。虽然家庭责任不断增加,她还是坚持提高自己的数学和科学能力。

1816年,萨莫维尔一家搬到伦敦,并在随后的20年里一直居住在那里。他们参加皇家学院举办的通俗科学讲座,两人很快与学术界人士熟悉起来。一家人与许多英国科学家成为朋友,其中包括天文学家约翰和卡罗琳·赫舍尔(Caroline Herschel)、数学家查尔斯·巴比奇(Charles Babbage)、天文学家爱德华·帕里(Edward Parry)。后来,帕里还用萨莫维尔夫人的名字为北冰洋的一个小岛命名。这些接触使她有机会为英国一些顶尖科学家做助手。萨莫维尔一家还经常去法国、瑞士和意大利旅行,并与欧洲众多的数学家和科学家建立起一生的友谊,由此,她可以了解数学和科学所有领域中最前沿的发现和进展。

1825年,玛丽·萨莫维尔完成了一系列科学实验。这些实验研究磁力和太阳射线的联系。在自己家的花园里,她将太阳光聚焦到缝纫用的一根钢针上。她发现经过一段时间的照射，钢针似乎被磁化。她将这一发现写成研究论文《更易折射的太阳光线所具有的磁化能力》。此时，她的丈夫萨莫维尔博士已被推选为皇家学会会员，该学会是英格兰科学界最重要的专业机构。萨莫维尔博士在一次学会会议上宣读了妻子的论文，学会成员对此印象深刻，并在同年稍晚一些时候将论文发表在学会杂志《哲学学报》上。能在学会宣读论文并发表都是特殊的成就，除玛丽·萨莫维尔以外仅有一位女性——天文学家卡罗琳·赫舍尔获得同等成就（赫舍尔出生于德国，一生中共发现8颗彗星，并为2 500颗星体制作目录。因为这些研究成果，皇家学会给予赫舍尔与玛丽·萨莫维尔类似的荣耀）。虽然后来有科学家证明玛丽·萨莫维尔论文中的理论是错误的，但是正因为这篇论文，她被认为是一位成熟的科学作者。

创作第一本著作

论文的成功促使玛丽·萨莫维尔创作一本天文学书籍。1827年，萨莫维尔博士收到朋友亨利·布鲁厄姆勋爵（Lord Henry Brougham）的来信，勋爵当时是实用知识传播会的官员，信中他询问萨莫维尔夫人是否愿意将拉普拉斯的《天体力学》翻译成英文。作为女性，玛丽·萨莫维尔拥有深厚的数学和科学知识并证明自己具有很大的能力完成科技主题创作，尽管学会承认玛丽·萨莫维尔的这些能力，但是他们还是遵从社会意愿，要求所有通信只能以她的丈夫的名义进行。

玛丽·萨莫维尔自信能够将拉普拉斯的经典著作从法语翻译成

英文。该书总结了几代科学家和数学家在重力理论和太阳系天体运动方面的发现，为了使普通大众也能理解，需要将书中深奥的理论用适当方法重新进行解释，翻译工作极具挑战。玛丽·萨莫维尔同意接下这一任务，但是要求翻译工作秘密进行，这样，即使最后译本不被接受，社会上也没有人知道她的失败。

玛丽·萨莫维尔翻译此书花费了3年的时间。她将拉普拉斯技术性的数学论证转化为浅显易懂的解释，她创造出解释性的图表来阐明各种科学原理，用简单实例来解释复杂理论，并设计实验使得书中内容更易理解。在这期间，她的丈夫协助她借阅图书馆的书籍，并帮她抄写手稿的众多修订本。

英文版《天体力学》于1831年出版，这本书的质量超出了实用知识传播会成员的预期。拉普拉斯盛赞玛丽·萨莫维尔的翻译工作，指出书中十分清楚和精确地解释了数学和科学的高级理论。皇家学会也对这个译本十分赞赏。他们请一位雕刻家为玛丽·萨莫维尔制作半身像，并将雕像放置在会议室的荣誉区。英文版《天体力学》首次印刷共计750本，不到一年就宣告售罄，因此不得不加印。随后，这本书很快成为剑桥大学荣誉生的标准教科书，并在全英国和欧洲广泛销售。书的第一部分主要讲述数学背景基础知识，这部分于1832年单独出版，题目为《天体力学的初步论述》。

带来荣誉和认可的第二本著作

第一部书的成功使她开始另一个写作计划。在随后的一年中，玛丽·萨莫维尔一直在欧洲拜访科学界的朋友，与此同时，她完成了

第二本书的大部分章节。这本题为《物理学的关联》的书中解释了光学、声学、热、运动、电学、磁学、重力和天文学方面的理论，并展示了这些不同的物理现象之间是如何紧密地联系在一起的。

1834年，《物理学的关联》一经发表，就获得了比《天体力学》更大的成功。1834至1877年间，该书共印刷10版，包括英语、法语、意大利语、瑞典语版本。除了欧洲各国，还销往美国。这本书不仅在普通读者间流行，对科学家也十分有用。天文学家约翰·库奇·亚当斯（John Couch Adams）将海王星的发现归因于玛丽·萨莫维尔书中的一段文字，正是这段文字激发他在天王星附近寻找新行星。这本书还促使欧洲的科学团体开始将物理学看作一个整体，而不再继续单独思考每一分支中的独立主题。

玛丽·萨莫维尔的第二本书出版之后，得到了众多科学和政府团体授予的荣誉。1835年，她和卡罗琳·赫舍尔当选为英格兰皇家天文学会第一批女性会员。1834和1835年，她被选入瑞士物理和自然历史学会、爱尔兰皇家学院和布里斯托尔（Bristol）哲学与文学协会。她将这本书题献给英格兰女王阿德莱德（Queen Adelaide），因此，她被邀请觐见女王和维多利亚公主（Princess Victoria）。英国首相罗伯特·皮尔（Robert Peel）爵士授予她一份丰厚的公民养老金，每年金额为200英镑。几年后，当萨莫维尔一家遇到经济困难时，这笔奖金提高到每年300英镑。

玛丽·萨莫维尔成为伦敦知识分子中的著名人物，她强烈支持女权和妇女教育。当约翰·斯图亚特·米尔（John Stuart Mill）向议会提交请愿书寻求妇女的选举权时，玛丽·萨莫维尔第一个在请愿书上签名。她协助那些在数学和科学方面有潜力的女性，并将她们介绍给自愿提供帮助的科学家和数学家。她对艾达·洛夫莱斯

（Ada Lovelace）的一生有重大的影响。洛夫莱斯是拜伦勋爵和夫人（Lord and Lady Byron）的女儿，玛丽·萨莫维尔辅导洛夫莱斯学习数学，并将她引荐给数学家查尔斯·巴比奇（Charles Babbage）。后来洛夫莱斯参与了巴比奇分析机（Analytical Engine）的制造工作。

名望和荣誉并没有使玛丽·萨莫维尔离开科学工作。1835年，当哈雷彗星如人们预期的那样划过欧洲的夜空时，她正在意大利罗马学院（Collegio Romano）附近访问。这所学院的天文台拥有欧洲最先进的天文望远镜之一，她请求天文台允许她使用望远镜观测这颗76年才出现一次的彗星，但被学院拒绝。因为该修道院主要训练男性牧师，所以禁止女性使用他们的仪器。虽然她被禁止观测，但她写了一篇题为《哈雷彗星》的长文章，这篇文章发表在通俗科学杂志《季度评论》1835年12月卷。

1835年，玛丽·萨莫维尔设计并进行了一系列实验，她试图研究太阳射线的某些化学性质。她将不同材料放在经过氯化银处理的纸上，然后观察在太阳光的照射下这些材料诱发的各种化学反应。实验发现揭示了一些基本化学性质，这些性质最后都促进了摄影技术的发展。她将实验结果写成研究论文并寄给她的同事D.F.J.阿拉哥（D. F. J. Arago），1836年，阿拉哥在法国科学院会议上宣读了论文的一部分。同年，玛丽·萨莫维尔的论文《有关太阳光谱中化学射线在不同介质中传播的实验》发表在法国的科学杂志《法国科学院院报》上。

移居意大利

1836年，由于健康原因，萨莫维尔博士必须生活在气候比较温暖的地方,因此,萨莫维尔夫妇从伦敦搬到意大利,并在那里度完余生。他们逐渐被意大利数学和科学界所熟知和尊敬。1840至1845年,玛丽·萨莫维尔当选为6个意大利科学协会的会员。虽然已经60岁,她还是撰写了几篇没有发表的论文,其中包括一篇讲述流星的科学短文,与她关于哈雷彗星的文章类似;还有一篇题为《高阶曲线和曲面》的数学论文。此外,她还创作了两部著作:《地球的形态和旋转》和《大洋潮汐和大气》。

玛丽·萨莫维尔还继续科学研究。她第三次设计和进行了一系列实验来研究太阳射线的影响。当她完成所有的分析以后,约翰·赫舍尔(John Herschel)在皇家学会的一次会议上介绍了部分内容。她论文的一部分以《光谱射线对蔬菜汁的作用》为题目,发表在1845年的《皇家学会哲学学报摘要》上。

67岁时,玛丽·萨莫维尔出版了《自然地理学》,该书是第一本研究地球物理表面的英文书籍。书中研究了陆地、气候、土壤和植被。这部创新著作为她赢得了广泛的国际赞誉,1848至1877年间,这本书一共印刷了7版。在随后的50年里,《自然地理学》被欧洲的学校和大学广泛使用。1869年,因为这部书,英格兰皇家地理学会授予玛丽·萨莫维尔维多利亚金质奖章。为表彰这一成就,美国地理和统计学会与意大利地理学会选举她为会员。1853—1857年,另外5个意大利科学协会接收她为会员,还有多个科学组织颁给她成就奖章。

1869年,玛丽·萨莫维尔以88岁高龄完成最后两部书。一部为《分子和显微科学》,共计两卷。她在书中总结了生物、化学和物理方面有关分子形态物质的发现以及植物的显微结构。英国生物学家查尔斯·达尔文(Charles Darwin)为这本书制作了一些插图,达尔文后来因为提出革命性的进化论而闻名于世。玛丽·萨莫维尔还写下一部纪事录。这部长篇记录描述了玛丽·萨莫维尔的一生和她认识的有影响和重要的人物。1873年,她的女儿玛莎将这部自传中的一部分出版,题目为《玛丽·萨莫维尔的自我反省,从早期生活到晚年》。

多产的一生走向尾声

玛丽·萨莫维尔的丈夫在1860年去世,她还经历了6个子女和大多数朋友与同事的相继去世。晚年,她几乎完全丧失听力,很难记住事情和人名,但是她的数学和科学思维仍然敏捷。即使在最后的日子里,她还坚持每天早晨阅读4、5个小时的数学书籍,这个习惯她一直持续了60年。

1872年11月29日,玛丽·费尔法克斯·萨莫维尔在意大利那不勒斯的家中安然辞世,享年91岁。她去世以后,伦敦《晨报》称她为"19世纪的科学女王",以此纪念这位多年以来一直是欧洲科学界最著名的女性之一。

作为一位受过教育的数学和科学女性,许多英格兰教育机构一直保存着玛丽·萨莫维尔的遗产。在她去世后不久,子女们就将她的大部分个人藏书捐献给希钦(Hitchin)的女子学院,这所学院就是现在的剑桥大学格顿(Girton)学院。1879年,牛津大学建立萨莫维尔学院,这是该校最早的两所女子学院之一。牛津大学还设立玛丽·萨莫维尔奖学金,资助有天赋的年轻女性接受数学方面的高等教育。

 结语

　　作为自学成才的数学家,玛丽·萨莫维尔对科学的主要贡献是她的4部著作,分别讲述天文学、物理学、地理学和显微结构。这些通俗作品令整个西方世界的非专业读者也能理解先进的科学理论。其中,《物理学的关联》更是影响了欧洲科学界,使科学家们开始将物理学看作是统一领域,而不是一些独立分支的集合。虽然她的太阳射线实验和哈雷彗星的论文不算重大的科学进展,但是这些结果和她的著作给了热衷科学的女性以极大的信心,令人信服地证明了女性也能够理解数学和科学并作出不亚于男性的巨大贡献。

四　尼尔斯·亨利克·阿贝尔

（1802—1829）

椭圆函数

尼尔斯·亨利克·阿贝尔（Niels Henrik Abel）（Abel发音为AH-bull）的一生只有短短27年，在生命最后的10年里，他提出许多重要概念，极大地发展了代数、泛函分析和数学学科的严密性。阿贝尔读大学时就证明了五阶多项式方程不存在求根公式，而在之前整整3个世纪，数学家们没能给出这个问题的答案。他证明广义二项式定理对于实数和复数指数都成立。在一篇被法国一位顶尖数学家弄丢的论文中，他提出椭圆函数的概念。他发明了有关无穷级数收敛性的定理和方法，这些结果为数学论述重新引入了一定程度的严密性。

尼尔斯·亨利克·阿贝尔引入椭圆函数概念。证明不可能构造出高阶多项式方程适用的代数求根公式。并发明严格方法确定无穷级数的收敛性（感谢国会图书馆收藏）。

家庭生活和教育

1802年8月5日，阿贝尔出生于芬德（Finnöy），一个位于挪威西南海岸附近小岛上的村庄。他的父亲索伦·格奥尔格·阿贝尔是一位路德教会的神父，拥有大学神学和哲学的学位。作为牧师，父亲为芬德和附近小岛上的居民服务。母亲安妮·玛丽·西蒙森是一个富裕的商人兼船主的女儿，是一位有才华的钢琴家和歌手。1804年，阿贝尔一家人迁至耶尔斯塔德（Gjerstad）。在那里，神父阿贝尔继承他父亲的牧师职位。后来他曾经两次担任挪威议会（Storting）的议员。

阿贝尔的早期教育来自父亲。他父亲在家中负责阿贝尔和其他6个子女的早期教育。1815年，阿贝尔和他的哥哥被送到克里斯蒂安尼亚市（Christiania）即现在的奥斯陆（Oslo）首府的一座天主教学校，这是一所私立寄宿学校。伯恩特·霍姆伯尼（Berndt Holmboe）于1818年成为阿贝尔的数学教师。霍姆伯尼很快发现阿贝尔的数学天资，并引导他阅读欧洲一流数学家如牛顿爵士、欧拉、拉普拉斯和拉格朗日的著作。不到一年，阿贝尔就开始从事独立的研究项目。阿贝尔认为自己的数学才能之所以迅速发展，就是因为直接阅读了这些大师的著作，而不是他们弟子的作品。阿贝尔的父亲于1820年去世以后，霍姆伯尼帮阿贝尔争取到了一份奖学金以完成最后一年的学习。

1821年，由于数学入学考试的极高分数，阿贝尔被克里斯蒂安尼亚大学录取，这是当时挪威唯一的高等教育机构。获得学位以后，阿贝尔尝试成为数学教师，以此来支撑贫苦的家庭。了解到他的超常能力和窘迫的经济情况,大学为他提供免费的宿舍,学校职员们也从自己的薪水中凑出一笔钱为他支付学费和其他费用。天文与数学教授克里斯托菲·汉斯汀(Christoffer Hansteen)和唯一的数学教授索伦·拉斯姆森(Sören Rasmussen)指导阿贝尔学习数学,并提供额外的经济资助。一年内,阿贝尔完成了普通学业的基本课程,并开始将所有的精力投入到原创的数学研究中。

 ## 代数方程的根式可解性

开始独立的数学研究以后,从1820年开始,阿贝尔开始研究已有300年历史的五次代数方程求根公式。对最高项为1, 2, 3和4阶的多项式方程,数学家们已经成功地找到了求解公式。例如,公式$x=-b/a$给出线性方程$ax+b=0$的解;二次公式$x=\dfrac{-b\pm\sqrt{b^2-4ac}}{2a}$给出所有二次方程$ax^2+bx+c=0$的根。数学家还找到最高幂次项为$x^3$和$x^4$的三次和四次方程的公式,但是对于更高阶的方程,还没能发现类似公式。

在天主教会学校的最后一年,阿贝尔认为自己找到了任意五阶方程的五次求根公式,他将论文初稿经由霍姆伯尼和汉斯汀转交给了丹麦哥本哈根大学数学教授费迪南·达根(Ferdinand Degan),并请求丹麦学院发表这篇论文。看过论文以后,达根要求阿贝尔扩充论文中的解释,并用特例来说明采用的方法。在列举例子时,阿贝尔发现分析中的一个错误,这个发现使他开始思考这样的求根公式到底存不存在。

　　1823年12月，阿贝尔已经进入克里斯蒂安尼亚大学。他证明不可能构造出对任意五次方程都成立的五次根式求根公式，所谓根式求根公式是指仅通过有限次数的加、减、乘、除和开方运算来表示方程的根，他自费将这一证明出版为一个简短的小册子《证明一般五次方程不可解的代数方程研究论文》。由于资金限制，阿贝尔将论文压缩到6页以内，这导致证明中的推理十分难以理解。1824年，他将小册子寄给欧洲一些最著名的数学家。但是一个没名气的年轻人给出的晦涩证明很难引起反响，其中阿贝尔最期待听到德国数学家高斯的评价，但是高斯根本没有阅读就将论文放在一边。

　　虽然论文在欧洲数学界没有引起任何人的兴趣，但是阿贝尔继续扩展有关方程根式求解的研究，并试图发表相关的工作成果。1826年，他将补充说明过的结果写成论文《高于四阶代数方程一般求解的不可能性的证明》。这篇论文发表在当年德国数学季刊《纯粹数学与应用数学杂志》的第一期。文中，他证明了更全面的结果，他指出，对任意高于四阶的代数方程都不可能构造出代数求根公式，即只用到4种算术运算和开方运算的公式。他在证明中发展出代数域扩展的概念，这正是发展中的抽象代数的核心概念。

　　1828年，阿贝尔写出文章《方程的代数求解》，可惜的是这篇作品没能在他去世前发表。文中，阿贝尔承认，1799年意大利数学家保罗·鲁芬尼（Paolo Ruffini）已经给出这一问题的不完整证明。如今为了纪念这两位数学家，这一重要的结果被称为阿贝尔–鲁芬尼定理，即当$n > 4$时，n阶方程不存在根式解。

　　阿贝尔在1829年最后一次对这一问题做出评论，并写成文章《一类可代数求解的特殊方程的研究报告》。这篇文章发表在与1826年刊登论文相同的杂志上。他指出，如果多项式方程的根满足特定条件，则方程可以被根式求解。基于阿贝尔的思想，法国数学家伽罗华于1831年最终解决了这个问题，他明确了一组完备的条件来确定方程是否可以根式求解。

广义二项式定理

在克里斯蒂安尼亚大学的时候，阿贝尔还同时研究其他几个问题。1823年，在汉斯汀刚刚创立的挪威科学杂志《自然科学杂志》上，阿贝尔共发表了3篇文章。前两篇文章与泛函方程和积分有关，没有什么重要的结果。但是第3篇文章《通过定积分求解某些问题》是首次发表的积分方程的解。这篇文章解决了在重力作用下质点沿曲线的运动问题。

1823年夏天，拉斯姆森资助阿贝尔去哥本哈根旅行。在那里，阿贝尔有机会与达根和其他丹麦数学家共同工作。在这次旅行中，他认识了年轻的克莉丝汀·坎普（Christine Kemp）并与她订婚。认识到与杰出同行合作有更大的优势，阿贝尔决定去欧洲旅行并拜访法国和德国的顶尖数学家。他将自己的手稿集提交给挪威政府，并申请政府为他提供旅费。政府给予他一笔津贴，让他先在国内学习两年法语和德语，并提供了两年之后的欧洲之旅的费用。

1825年9月，阿贝尔和4位学习医学和地质的朋友一同出发前往德国。在柏林，他结识了土木工程师奥古斯特·利奥波德·克列尔（August Leopold Crelle），克列尔设计了德国第一个铁路系统，当时他正在创立数学杂志《纯粹数学与应用数学杂志》。这个德国季刊后来被称为《克列尔杂志》（Crelle's Journal），它是第一个专门刊登数学新发现的学术期刊。克列尔极力推广阿贝尔的工作，这个杂志一共发表了33篇阿贝尔的研究论文，其中1826年第1期就发表了7篇。除了关于五次方程不可解性的研究论文，阿贝尔在这本季刊的前4期还发表了一些文章，其中包括论文《对级数 $1+\dfrac{m}{1}x+\dfrac{m(m-1)}{1\cdot 2}x^2+\dfrac{m(m-1)(m-2)}{1\cdot 2\cdot 3}x^3+\cdots$ 的分析》（Untersuchungen über die Reihe ...）。文中，他第一次对实数或复数 m 证明了二项式定理，他证明，这个级数的无穷项之和等于 $(1+x)^m$。这个定理推广了1669年牛顿的发现，当时，牛顿证明了对所有分式指数二项式定理成立。

 **椭圆函数**

1826年春天，阿贝尔和同伴游历了意大利、奥地利、瑞士和法国。7月，他们到达巴黎时，大学正在放暑假，阿贝尔想要拜访的数学家大多数都离开巴黎去度假了。在等候这些数学家归来的同时，阿贝尔写了一篇很长的手稿，题为《关于一类非常广泛的超越函数一般性质的研究报告》。他希望将这篇文章呈交给科学院（Académic des Sciences）的数学家们，在这篇论文中，他仔细解释了自己在椭圆函数方面的发现。

阿贝尔通过推算圆函数和三角函数得到椭圆函数。法国数学家勒让德已经研究了形如 $\displaystyle\int_0^x \dfrac{\mathrm{d}t}{\sqrt{(1-k^2t^2)(1-t^2)}}$ 的复杂椭圆积分。这个积分给出了椭圆上一段弧线的长度，最简单的椭圆也就是圆，积分

$\arcsin(x) = \int_0^x \dfrac{\mathrm{d}t}{(1-t^2)}$ 给出了弧线的长度,这个积分的逆函数 $\sin(x)$ 拥有更完美的性质并且比对应的积分更容易分析。通过类似的方法,阿贝尔引入了椭圆积分的逆函数——椭圆函数 $\sin(x)$,对于这个函数和其他一些椭圆函数的特性,他成功地进行了广泛的分析。

在这篇研究论文里,阿贝尔建立起椭圆函数的众多性质,其中比较简单的一个就是双周期性。所有的圆函数都是周期的,即有规律地重复自己的行为,等式 $\sin(x+2\pi) = \sin(x)$ 表明正弦函数的图像每隔 2π 长度重复一次。阿贝尔发现,每个椭圆函数 $f(x)$ 有两个周期 w 和 z,即 $f(x+w) = f(x+z) = f(x)$。关于双周期的发现促使阿贝尔和其他数学家研究一类更全面的函数,这类函数现在被称作超椭圆函数或者阿贝尔函数。

在巴黎的论文中,阿贝尔证明,代数函数任意多个积分的和,都可以表示为固定个数的具有特殊形式的积分。由此,他引入了代数函数亏格(genus)的概念,那个固定的数目就是函数的亏格。亏格是刻画函数性质的基本量,它还表征该函数的多种性质,有关亏格的结论现在被称为阿贝尔定理。当时,德国数学家卡尔·古斯塔夫·雅可比(Carl Gustav Jacobi)也在研究椭圆函数,他宣称,阿贝尔定理是该领域最重大的数学发现。

1826年10月,当阿贝尔将有关椭圆函数的论文提交给巴黎学院时,勒让德和柯西被委任为审稿人,但是两人从未仔细地考察过他的工作。勒让德说他没法阅读手稿,因为上面的字迹太模糊,柯西甚至还没有来得及阅读就把论文弄丢了。

对于法国数学家对自己论文的漠视,阿贝尔十分失望。当时他几乎身无分文,同时还要忍受结核病早期症状带来的痛苦,于是,阿

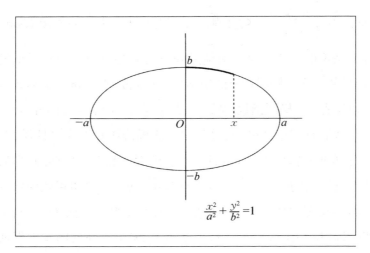

通过对给出椭圆上弧线长度的积分求逆函数,阿贝尔发现了椭圆函数。

贝尔决定返回柏林待几个月。虽然克列尔委任他为杂志的编辑并承诺为他在德国大学谋得一个职位,阿贝尔还是于1827年5月返回家乡。阿贝尔原希望回到挪威以后可以接过拉斯姆森在克里斯蒂安尼亚大学的数学教授职位,但是霍姆伯尼已经接受了这个职位。这一年除了大学提供的微薄津贴,阿贝尔只能依靠指导补习挣得一点生活费。1828年年初,恰好汉斯汀获得一个为期两年的基金,并要前往西伯利亚研究地球磁场,于是,阿贝尔代替他在大学和挪威军事科学院授课。

这一时期,阿贝尔继续研究椭圆函数并在《克列尔杂志》发表了几篇文章。1827年9月,他将在巴黎所写论文的前半部分发表,题为《关于椭圆函数的研究》。当1828年雅可比宣布有关椭圆函数变换的几个新结果时,阿贝尔以同样的题目将巴黎论文的后半部分发表,同时他还解释了如何用自己的发现推出雅可比的结果。接下来的一年中,他和雅可比相继发表了一系列论文回应并扩展对方的结果。年底之前,阿贝尔还完成了一篇题为《椭圆函数理论总结》的长篇论文,但这个论文直到他去世后才发表。

 为数学分析建立严格性

纵观阿贝尔的整个数学生涯,他的一个最重要的关注点就是期望使数学分析更加严格。在所有的数学作品中,阿贝尔特别注意自己用词的精确性和证明的完全性。作为卡罗琳学院的学生,阿贝尔在阅读欧洲一流数学家的著作时,发现书中论述存在着逻辑上的不足。虽然微积分已经发明了150年,求导和积分的概念还没有稳固地建立在精确的极限定义之上。他认识到,19世纪初期的数学分析缺少仔细的逻辑和精确性,虽然这些性质早已用来描述经典几何学。

阿贝尔注意到,涉及无穷级数的论证尤其缺乏严格性。在1826年写给霍姆伯尼的一封信中,他感叹道,除了一些最简单的情况,还没有哪个无穷级数的和被严格确定。他在同一封信中还写道,每当听见有数学家说对任意整数n有$1^n-2^n+3^n-4^n+\cdots=1$时,他总是极为反感。柯西曾宣称,无穷多连续函数的和仍然是连续函数,在有关二项式定理的论文中,阿贝尔批评了柯西的这一结论,并给出一个反例。这个反例指出,对于完全由正弦函数组成的幂级数$\sin(x)-\frac{1}{2}\sin(2x)+\frac{1}{3}\sin(3x)-\frac{1}{4}\sin(4x)+\cdots$,它的和在所有等于$\pi$的奇数倍的点不连续。

为了说明数学上处理无穷级数时对严格性的忽视,阿贝尔写了一个关于幂级数的长篇论文。该论文共有两部分,题为《问题

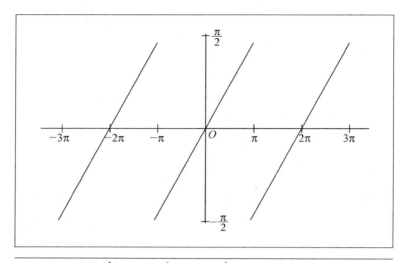

通过例子 $\sin(x) - \dfrac{1}{2}\sin(2x) + \dfrac{1}{3}\sin(3x) - \dfrac{1}{4}\sin(4x) + \cdots$，阿贝尔证明无穷多个连续函数的和不一定总是连续函数。

和定理》，分别于1827年和1828年发表在《克列尔杂志》上。文中，他给出确定级数极限的新方法，讨论发散级数，并引入收敛半径的概念。所谓收敛半径，是一个取值区间，当自变量在这个区间内取值时，级数和等于所对应和函数的取值。这篇论文中最强大的一个原则现在被称为阿贝尔收敛定理，这个规律确定形如 $a_1b_1 + a_2b_2 + a_3b_3 + a_4b_4 + \cdots$ 之类特定级数的收敛性。收敛定理推广了已知的交错级数检验结果，所谓交错级数检验，是判断类似 $1 - \dfrac{1}{2} + \dfrac{1}{3} - \dfrac{1}{4} + \cdots$ 和 $1 - \dfrac{1}{\sqrt{2}} + \dfrac{1}{\sqrt{3}} - \dfrac{1}{\sqrt{4}} + \cdots$ 这样的级数能收敛到有限和的技术。阿贝尔还给出可求和方法来理解发散级数的性质。阿贝尔以及柯西、高斯和德国数学家卡尔·维尔斯特拉斯（Karl Weierstrass）共同推动了19世纪数学家在严格性方面的工作。他们使数学定义更加精确，数学分析更加严密。

逝世与遗产

在前往未婚妻所在的佛罗兰（Froland）过圣诞节时，阿贝尔病情恶化，卧床不起，最终由于肺结核引起的并发症于1829年4月6日去世。两天后，克列尔迟到的来信中说，已为阿贝尔在新成立的柏林科学文学皇家学院找到一个职位。

1830年6月，巴黎学院将学院大奖（grand prix）颁给阿贝尔和雅可比，以表彰他们在椭圆函数方面的杰出研究。由于雅可比的坚持，柯西找到了阿贝尔于4年前提交给学院的关于椭圆函数的论文，学院最终于1841年将这篇论文发表在学院杂志《法兰西国家研究员科学学院学者报告集》上。勒让德最终认识到，当年他误认为不值得一提的这项研究具有多么重大的意义，他将论文描述为"比青铜更为持久的"不朽著作。当法国数学家查尔斯·埃尔米特（Charles Hermite）读完这篇论文后，他预言阿贝尔的思想足够数学家研究500年。

2002年，挪威政府为纪念该国最伟大的数学家设立了阿贝尔奖。该奖项共计75万美元，每年一次颁发给一名对数学作出终身贡献的数学家，该奖项为数学家带来了巨大的国际声誉，如同诺贝尔文学奖、医学奖和科学奖一样。

为了赞颂阿贝尔思想带来的影响，他的名字与众多数学分支中的大量概念联系在一起，阿贝尔簇、阿贝尔积分、阿贝尔函数和阿贝尔定理是椭圆函数理论的中心概念。对无穷级数的分析依赖于阿贝尔收敛性定理、阿贝尔不等式和阿贝尔可求和性。以他名字命名的应用最广泛的概念是阿贝尔群，阿贝尔群是一种数学结构，它的对象满足基本的交换性质 $a \cdot b = b \cdot a$。

结语

　　正如用阿贝尔命名的奖项所表明的那样,阿贝尔在短暂的一生中为数学作出了重大贡献。他证明高于四阶的方程不存在代数求解公式,这不仅解决了一个悬疑已久的问题,而且引入了代数域扩展的概念,促进了抽象代数的发展。他对实数和复数指数证明二项式定理,还引入分析无穷级数收敛性的方法,这为数学分析建立起严密的基础。阿贝尔引入椭圆函数概念和更为一般的双周期函数簇,这些结果不断地催生了代数、数论和泛函分析方面的新发现。

五 埃瓦里斯特·伽罗华

（1811—1832）

群论的革命性创始人

埃瓦里斯特·伽罗华（Évariste Galois，发音为ay-vah-REEST GAL-wah）21岁时死于一场决斗，生前只发表过5篇介绍自己研究工作的短文章。但是他的成果对抽象代数的发展有十分重要的影响。他明确了群的定义，建立了群论的基础。他发展了代数方程根式可解性的理论，该理论被称为伽罗华理论，并成长为代数学的先进领域。在伽罗华的一生中，政治革命者远比他的数学家身份出名。直到他死后多年，数学家们仔细研究了他的总计不到100页的作品，才认识到他的数学天赋。

埃瓦里斯特·伽罗华为群的概念定形。他确定了完整的一组条件来判断方程是否根式可解，他还发展了代数域扩展理论，这个理论现在被称为伽罗华理论（格兰格）。

寻找五次求根公式

伽罗华于1811年10月25日出生于法国巴黎南部的小镇拉莱茵堡（Bourg-la-Reine）。他的父亲尼古拉斯-加布里埃尔·伽罗华主管一所小型寄宿学校，并连续14年担任小镇镇长。他的母亲阿黛蕾达-玛丽·德曼特·伽罗华受过良好的教育。在伽罗华十几岁之前，母亲一直在家亲自辅导伽罗华和他的姐姐娜塔莉-西奥多、弟弟艾尔弗雷德的学习。

1823年10月，伽罗华进入路易-勒-格兰高中（Lycée Louis-le-Grand）学习，这所高中位于巴黎，以国王路易十四的名字命名。学校的生活条件十分恶劣，学生们常常示威以表达对学校待遇的不满。最初伽罗华的成绩很好，数门课程都取得优异奖，但是他越来越反感学校的职员和拉丁语、希腊语、经典文学等课程。到1827年，他的成绩变得非常差，以至于要重修大部分课程。

这一年中，伽罗华上了H. J. 维尼尔（H. J. Vernier）的几何课，并建立起深厚的数学兴趣。他们的教科书是法国数学家勒让德的《几何》，这本书本来要教两年，但是伽罗华只用短短几天就读完了全书。他着迷于书中描述几何原理的逻辑发展，并被激发起在数学上的极大热情。在学校图书馆里，他阅读代数和分析方面的课外读物，其中包括法国顶尖数学家柯西和拉格朗日的著作。这些书原本是为大学生、教授和数学家写的，但是，通过独立研究，伽罗华成功地掌握了其中的内容。

在学习代数时，伽罗华对数学家们用来求解不同方程的公式十分好奇。任何线性方程$ax+b=0$的根都可以表示为$x=-b/a$，任意二次方程$ax^2+bx+c=0$的根可以用二次求根公式$x=\dfrac{-b\pm\sqrt{b^2-4ac}}{2a}$给出。数学家还找到了最高幂次项为$x^3$和$x^4$的三次方程和四次方程的

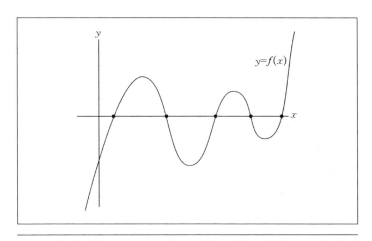

$y=f(x)$

首次数学研究中，伽罗华试图寻找一个五次代数表达式，从而给出所有五次多项式方程的根。

公式，但是对于更高阶的方程，还没能发现这样的求根公式。

当时数学家的一个任务是寻找这样的公式，即仅用平方根或更高次方根，通过有限次数的运算表示出所有五次代数方程的根。伽罗华对这个工作很感兴趣，他还不了解数学家们对于五次求根公式已经寻找了300年。几个月以后，这位16岁的学生认为自己找到了这样的公式。但是通过进一步的研究，他发现得到的公式只对有限的一部分情况成立，而不能解决所有的五次方程。多次修改证明以后，他认定不存在这样的五次公式，并开始证明这一论断。

 失望与挫折

高中第五年结束以后，伽罗华参加了综合工科大学的入学考试。这所大学位于巴黎，始建于1794年，最初数学家蒙日和卡诺创建这所大学的意图是为法国最有才华的年轻人提供数学、科学和工程方面的训练。入学考试集中测试了标准的高中数学内容,但是伽罗华从来没有上过这些数学课。由于缺乏数学基础知识,伽罗华没有通过考试,最终他不得不在路易-勒-格兰高中度过第六年。

伽罗华头两门数学课的老师维尼尔没有注意到这个学生的数学才能,虽然伽罗华能进行大量的心算,但是维尼尔总是批评伽罗华不能系统地写下所有的解答步骤。在高中最后的一年,伽罗华的数学老师路易-保罗-埃米尔·理查德(Louis-Paul-Émile Richard)发现了他的数学才华。理查德十分赞赏他解答中使用的精巧方法,并支持他进行独立研究。在理查德的鼓励下,伽罗华写出论文《对一个周期连分数定理的证明》。这篇论文发表在1829年4月的《纯粹与应用数学年报》上。在这篇短文中,他推广了拉格朗日关于连分数的结果,并给出这个概念更详细的解释。17岁的学生能做出这样的原创性研究,表明他的数学进展已经远远超出高中水平。理查德对这个结果十分激动,同时,鉴于伽罗华表现出的数学天才能力,他建议综合工科大学免试录取这个杰出的青年。

伽罗华扩展了自己有关五次方程的工作,他试图找到一些条件,当这些条件满足时,任意高于四阶的方程都存在求根公式。1829年5月和6月,他将质数阶代数方程可解性的研究成果写成两篇论文,并寄给法国科学院。学院秘书将论文转给柯西,柯西对这些工作十分惊讶,但是直到第二年才与伽罗华交流自己的意见。

伽罗华生活中发生的两件事情加剧了他的挫折和失望,由于政敌散布谣言,他的父亲不能忍受诽谤而自杀。举行葬礼时,伽罗华指责镇上的牧师制造谣言导致父亲死亡,送葬者最后将牧师驱逐出葬礼。8月,伽罗华第二次参加综合工科大学的入学考试,当主考教授坚持要求伽罗华解释自己的工作并证明每一步解答时，他愤怒地将黑板擦扔到主考教授的头上。当然，他又一次没能通过考试。

　　在路易-勒-格兰高中学习6年以后，伽罗华从学校毕业并于1829年11月进入巴黎高师学习，这所大学以培养高中教师为主，那里的导师和同学都不喜欢伽罗华。一次数学课上，教授讲解一个最近才被证明但是还没有发表的代数定理，为了为难伽罗华，教授让他上台证明这个定理，当伽罗华成功地给出证明，教授却批评他的态度过于傲慢。作为伽罗华仅有的朋友，奥古斯特·舍瓦利叶（Auguste Chevalier）鼓励他克服困难，继续数学研究。

　　1830年，柯西被安排在一次学院会议上口头报告伽罗华的两篇研究论文，但是柯西由于疾病没能参加会议，也没有写下相关的正式书面报告。柯西通过私人通信表达了他对伽罗华工作的正面评价，同时请伽罗华注意挪威数学家阿贝尔新近得到的相关结果。他还鼓励伽罗华写出一篇修改后的独立论文，并提交给学院主办的有关方程可解性的竞赛。伽罗华阅读了阿贝尔的研究报告，其中就有阿贝尔1824年出版的证明五次求根公式不存在的小册子。结合阿贝尔的成果和自己的想法，伽罗华发展了一个关于高次方程根式可解性的完整理论。1830年2月，他将写出的新论文提交给科学院，学院秘书傅立叶收到这篇论文，但是还没有来得及阅读就在3个月后去世了，因此，学院没有看到伽罗华的工作，最终将大奖颁给了阿贝尔和德国数学家雅可比。

出版著作

　　伽罗华向两家法国数学杂志投稿，并取得更大的成功，他在这两个杂志共发表了4篇论文。1830年4月,《数学科学期刊》刊登了伽罗华寄给科学院秘书傅立叶的手稿的简短总结,这篇短文题为《方程代数解的研究论文分析》。伽罗华在文中提出了3个条件,通过这些条件,可以确定质数阶不可约方程的可解性。他简明地给出自己的结果,并提到这些结果来自高斯有关割圆方程 $ax^p+b=0$ 的研究和柯西的置换理论。由于他没有解释用到的技巧,也没有给出证明,很少有数学家能理解他的结果,也就没有人意识到这些结果的重大意义。

1830年6月,《数学科学期刊》发表了第2篇论文《数值方程求解的注释》。这篇论文给出更多有关根式求解方程的结果,证明伽罗华做出的重大进展,已超越了阿贝尔发表的结果,但是他仍然没有给出相关的完整理论。

伽罗华的第3篇文章《数字理论》于1830年6月发表在同一杂志上。在这篇重要的论文中,他引入了一类新数字,最后这些数字被叫作"伽罗华虚数"。他还展示了如何构造所谓质数阶有限域的数学结构,并解释这些结构与待求解方程的根之间的关系。

1830年12月,《纯粹与应用数学年报》刊登了伽罗华的文章《关于分析中几个要点的注释》。这篇论文给出了数学分析的一些结果,也是伽罗华一生中最后一篇发表的论文。

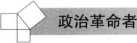 **政治革命者**

尽管在数学研究上取得成功进展并发表其中一部分成果,伽罗华还是变得越来越痛苦、易怒和焦躁不安。他加入共和党,这个政

治革命团体意图推翻国王并建立新政府。1830年7月，当共和党开始革命时，伽罗华向同学演讲，鼓动他们参加反抗。大学校长古尼奥（Guigniault）先生是一位顽固的国王支持者，他封锁了学校的大门，致使学生们没能参加起义。革命成功以后，伽罗华写信给报纸揭发校长曾破坏起义但是现在又声称支持新政府的行为。当这封题为《关于科学教学的一封信》刊登在《大学学报》上后，古尼奥将伽罗华开除出学校。

随后，伽罗华加入一支主要由共和党革命者组成的民兵部队——国民警卫队。1830年12月，他和其他士兵一起占领了罗浮宫，并准备举行一场反对国王的叛乱。这场短暂的起义很快就平息下来，没有任何暴力行为发生。国民警卫队随之被解散，政府宣布穿着警卫队的制服是违法行为。

1831年1月，伽罗华作了一系列公开演讲，解释他的数学发现。他的演讲包括伽罗华虚数理论、代数数论、椭圆函数和方程的根式可解性。虽然有40位学生参加了首次报告，但是第2周听众已有所减少，到了第3周只有很少人参加，而最后一次演讲甚至伽罗华自己也没有出现。

伽罗华第3次重新组织了有关求解代数方程的研究结果，并将它们寄给科学院。这篇《求解代数方程的研究论文》是伽罗华最重要的作品。在这篇大作中，他克服了以前论文中的困难，通过将自己的思想和阿贝尔、柯西、高斯、拉格朗日和雅可比等人引入的概念结合起来，他最终解决了代数方程根式可解性的问题。在这篇论文和发表在《数学科学期刊》上的3篇论文中，伽罗华确定了所谓群的代数结构，并为群论打下了基础，群论也成为抽象代数的基础要素。这4篇文章还共同建立起抽象代数的一个先进领域，该领域现在被称为伽罗华理论，理论给出与一系列正规子群和可解群相关的技巧，应用这些技巧可以确定方程是否根式可解。

入狱

一直以来，伽罗华的政治激进主义热情与献身数学的精神不相上下。1831年5月，19名共和派革命者被指控进行阴谋活动而被捕，但是最后都被无罪释放。在庆祝胜诉的宴会上，伽罗华提议为路易-菲利浦（Louis-Philippe）的死亡举杯，当时他一手端着酒杯，另一只手握着一把刀，于是伽罗华被指控意图刺杀国王，这次他仍被宣判无罪。1831年7月，伽罗华由于穿着国民警卫队制服而再次被捕，他不得不在圣佩拉吉（Sainte-Pélage）监狱度过接下来的9个月。

服刑期间，他的生活仍然混乱不安，他试图自杀并卷入室友发起的暴动。1831年10月，他收到科学院的来信，信中拒绝了他最后一篇论文。泊松（Siméon-Denis Poisson）阅读了他的手稿，发现其中的解释不清晰，证明难以理解，理论也没有充分展开。泊松建议他重新提交一个相关理论更完整和详细的说明，伽罗华开始按照泊松的建议重新写一篇易理解的文章，但是刚写完一个5页的序言以后他就没有继续下去。他在序言中愤怒地指责学院成员能力有限，导致他3次提交论文都没有成功。

刑期快结束时，巴黎突然暴发霍乱。由于担心政治犯死于狱中而引发暴乱，政府当局将伽罗华转移到城外的一个医疗机构——弗尔特里埃庄园（Sieur Faultrier）。他在那里度过了最后6周刑期，同时他爱上了医院一位医生的女儿史蒂芬妮-菲利斯·杜蒙泰，伽罗华期待能与她一起开始新的生活。

决斗

1832年4月29日，伽罗华出狱，两周后与杜蒙泰分手，伽罗华十分伤心和失落。杜蒙泰的一位朋友彼歇·德艾尔宾维尔也是共和党革命者，5月29日，德艾尔宾维尔以杜蒙泰的荣誉为由提出要与伽罗华决斗，他们商定日出时用手枪解决两人的争端。

决斗前一晚，伽罗华简单总结了自己5年来关于方程理论和积分函数的数学研究，并写下3篇未发表论文的笔记。在被泊松回绝的论文空白处，他潦草地写道，没有时间完成证明的几个必要修改。伽罗华写信给朋友舍瓦利叶，请求他将自己当晚写下的手稿和未发表的论文寄给高斯和雅可比，他不希望这些工作由于自己的死亡而消逝。

1832年5月30日黎明，年仅20岁的埃瓦里斯特·伽罗华与决斗对手见面，他腹部中枪并于第二天去世，共有3 000人参加了6月2日的葬礼，共和党连续多日在巴黎的大街上举行集会并发生骚乱。虽然公众表达了强烈的关注，但是伽罗华还是被葬在一个公共墓地，甚至没有墓碑标记坟墓的位置。

数学家们认识到伽罗华工作的重要性

伽罗华去世后的11年里，他的弟弟艾尔佛雷德和朋友舍瓦立叶将他最后的笔记和研究论文集送给高斯、雅可比和欧洲其他数学家。法国数学家约瑟夫·刘维尔（Joseph Liouville）第一个注意到伽罗华工作的重要性，刘维尔研究了伽罗华独特的术语和符号，并为他的简洁证明补上略去的步骤，最终刘维尔确认这些结果十分正确、完整和重要。1843年9月，他向科学院成员提交论文，描述了伽罗华关于根式求解代数方程的研究。

1846年10月，刘维尔将伽罗华的67页论文发表在自己主编的《纯粹数学与应用数学杂志》上，题为《埃瓦里斯特·伽罗华的数学成果》。这个论文集包括伽罗华发表的5篇数学论文、决斗前夜写下的《给奥古斯特·舍瓦利叶的信》，以及两篇未发表的作品《方程根式可解性条件的研究论文》和《根式可解的原始方程》。

刘维尔对伽罗华的研究和一部分论文的扩充使这些成果更易被接受，但在20年里，数学界很少有人能理解它们。恩里克·贝蒂（Enrico Betti）、利奥波德·克罗内克（Leopold Knonecker）、查尔斯·埃尔米特（Charles Hermite）和其他一些数学家也为伽罗华的工作写了一些注释，并发表了一些直接应用伽罗华理论而得到的结果。艾尔弗雷德·赛雷特（Alfred Serret）于1866年出版第三版《高等代数教程》，卡米尔·约当（Camille Jordan）的《置换论》也于1870年出版，这两本书最终将群论和伽罗华的整个工作成果吸收进数学科学的主体。它们使数学家能完整发展伽罗华的理论，并将这些理论应用到多个科学领域。到19世纪末，有关伽罗华工作的解释和补充文字已经几乎有1 000页。

1906、1907年，《数学科学期刊》的编辑朱利·汤内里（Jules Tannery）出版了《伽罗华手稿和未发表论文》。这部合集是伽罗华研究的全集，包含另外15篇未发表的论文，其中两篇论文题为《方程理论如何依赖于置换理论》和《置换理论和代数方程研究》。在论文中，伽罗华展示了如何从柯西的置换群结果得到自己的工作成果。《第一类椭圆函数分类的研究论文》是一篇不为人知的关于椭圆函数和阿贝尔积分的论文，伽罗华在这篇论文中将这些积分归为3类。直到1857年，本哈德·黎曼（Bernhard Riemann）才独立地得到这些先进结果。在哲学论文《关于纯分析的进展的讨论》中，伽罗华展望了未来的代数研究，给出关于现代数学精神的思考，并反思了科学创造的条件。

 结语

　　今天的数学家们认为，伽罗华关于根式求解代数方程的工作对数学科学的贡献非常巨大，虽然阿贝尔已经完整地回答了方程的可解性，但是伽罗华的新方法超越了原来的问题，为数学引入新的领域。他的思想被认为是群论的基础，而群论是抽象数学结构的基本组成要素，由他奠基的伽罗华理论已经成为相应数学分支的先进领域，这个理论解释了方程的解与群的性质之间的关系。

六 奥古斯塔·艾达·洛夫莱斯

（1815—1852）

第一个计算机程序员

奥古斯塔·艾达·洛夫莱斯（Augusta Ada LoveLace）第一个详细描述了现在称为计算机编程的过程。她写了大量的笔记来解释如何操控巴比奇分析机，其中包括计算伯努利数（Bernoulli）的必要步骤，她的数学才能保证她能够理解相关的工作并完成这一历史成就。

早期生活和教育

奥古斯塔·艾达·洛夫莱斯解释了应用查尔斯·巴比奇（Charles Babbage）分析机进行计算机编程的过程（图像工作室，The Image Works）。

洛夫莱斯伯爵夫人奥古斯塔·艾达·拜伦·金（Augusta Ada Byron King）原名为奥古斯塔·艾达·拜伦。1815年12月10日，她出生于英国伦敦。她的父亲是乔治·戈登·拜伦勋爵，母亲是安妮·伊莎贝拉·米尔拜克勋爵夫人，两人都是富裕的英格兰贵族阶级成员。拜伦勋爵充满激情且易于激动，是英国最著名的诗人之一，在女儿出生4个月以后，他与妻子合法分居并离开英国。虽然拜伦偶尔威胁要将艾达从母亲身边带走并交给自己的姐姐奥古斯塔抚养，但实际上他再也没有见过女儿，并于女儿8岁时（1824年）去世。

拜伦夫人曾被她的诗人丈夫称为"平行四边形公主"，她与女儿分享自己对数学的强烈兴趣。虽然当时的社会风气规定限制上层社会的女士接触数学，但是拜伦夫人鼓励艾达学习尽可能多的数学知识。除了学习数学，艾达还演奏小提琴，学习用数种语言阅读和交谈。她喜爱制作船模，并曾经设计以蒸汽机为动力的飞机。

从童年时期开始一直到成年，一系列私人教师负责教育艾达，其中包括威廉·弗雷德（William Frend），他曾经辅导拜伦夫人学习数学；还有玛丽·萨莫维尔，她最终成为国际知名的数学家和科学作家；奥古斯塔斯·德摩根（Augustus DeMorgen），他后来成为伦敦大学的数学教授。

艾达也参加伦敦上流社会的社交生活，如观看戏剧、正式舞会、音乐会和茶会。1833年5月10日，作为首次进入社交界的小姐之一，她在圣詹姆斯宫觐见了国王威廉四世和女王阿德蕾德（Adelaide）。在同年6月的一个聚会上，她结识了英国数学家查尔斯·巴比奇，当时巴比奇正在制造一台被称作差分机的计算装置。两周后，她和母亲前往巴比奇在伦敦的工作室，并看到这台机器，艾达对机器设计中隐含的数学本质很感兴趣。从那时开始，她与机器的发明者建立起了长达一生的友谊。

玛丽·萨莫维尔介绍艾达认识科学家威廉·金。一年后的1835年7月8日，19岁的艾达·拜伦与29岁的金结婚。1838年，金被封为第一任洛夫莱斯伯爵，于是艾达就成为洛夫莱斯伯爵夫人。虽然正式称谓是奥古斯塔·艾达·拜伦·金夫人，洛夫莱斯伯爵夫人，但是她自称为艾达·洛夫莱斯。婚后4年里，洛夫莱斯生下3个小孩，并分别取名为拜伦、安娜贝拉和拉尔夫。他们在国内共有两处住宅，其中一处位于伦敦。一家人享受着上层贵族的生活。1840年，威廉·金被选为伦敦皇家协会的会员，这使洛夫莱斯有机会接触到科研论文和最新的书籍，也使她得以继续学习数学。

 ## 巴比奇差分机和分析机

1842年，洛夫莱斯有机会与巴比奇一起工作，并记录巴比奇正在设计的计算机器。1833年，她第一次参观巴比奇的工作室并看到他发明的差分机。从那以后，两人就一直通信并成为好朋友。1834年，通俗科学作家狄奥尼修斯·拉德纳（Dionysius Lardner）在力学研究所做了一系列关于差分机的讲座，洛夫莱斯参加了这些讲座，还查看了巴比奇第二台计算机器分析机的设计图。在两人通信的前几年，她请巴比奇推荐一位合适的数学导师。随后几年里，她对巴比奇的机器发明越来越感兴趣，而且她也逐渐掌握了这些机器设计和运行背后隐含的数学原理。

1840年，巴比奇在意大利都灵（Turin）主持了一系列讨论会。与会的主要是当地的一个科学家团体，巴比奇在会上讲述了分析机的工作方式。意大利工程师路易吉·费德里科·梅那布雷亚（Luigi Federico Menabrea）也参加了会议。梅那布雷亚担任过意大利驻法国大使，并最终成为意大利总理，他同意写一篇文章介绍巴比奇的机器。1842年10月，他的文章《查尔斯·巴比奇分析

洛夫莱斯研究了分析机的工作方式,这台机器以蒸汽为动力并可以编程。1830—1870年,巴比奇一直在设计这台机器,但是没能完整建造出来。如果制造成功,这台机器将拥有20世纪电子计算机的多种特征,如穿孔卡片回传指令、能够实现逻辑分支和条件控制循环以及可重复使用的变量存储单元。图中的照片展示了两个分析机部件的实验模型(图像工作室)。

机的思想》发表在《日内瓦综合书目》上。洛夫莱斯决定将这篇法语文章翻译成英文,从而使这篇描述巴比奇工作的论文在全英格兰的科学家之间传播,她还寻找机会出版论文翻译稿。科学家理查德·泰勒(Richard Taylor)当时准备出版自己论文的合集《科学论文》，泰勒于1837—1852年间在《外国科学院学报》上发表了不少非英文的科学文章，他打算将这些文章翻译为英文并组成这本论文集。洛夫莱斯家的一位朋友查尔斯·惠斯通（Charles Wheatstone）是一位科学家、发明家和教授。通过惠斯通的帮助，1843年早期，洛夫莱斯与理查德·泰勒（Richard Taylor）达成协议，她翻译的论文最终将被收入泰勒的《科学论文》。巴比奇同意协助她完成这个为期6个月的计划，她的丈夫也很支持她的工作，还帮助她抄写手稿。

　　在翻译梅那布雷亚的论文时，洛夫莱斯发现其中几个主题需要更详细的解释。巴比奇建议洛夫莱斯就这个题目另写一篇原创文

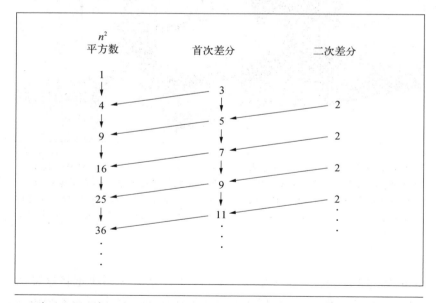

巴比奇差分机用有限差分方法计算六阶或更低阶多项式的值。上图中的图表与洛夫莱斯翻译的梅那布雷亚论文中的论述类似，它说明了差分机是如何计算多项式 n^2 的连续数值的。首先，操作者为表中每一列设置好第一个数值；然后，表中其他每一个数等于正上方和右上角相邻两数之和。

章,但被她拒绝,于是巴比奇提议将她写的部分原创的补充内容作为一系列注释附在论文后面,巴比奇审阅了她的众多草稿并提出意见。经过大量的修改,洛夫莱斯一共写出7篇注释,一共40页,而梅那布雷亚的论文只有17页,她的注释比原文的两倍还要长。最终翻译本发表在1843年版的《科学论文》中,题目为《查尔斯·巴比奇发明的分析机概略》,文章的署名为“作者:L. F. 梅那布雷亚,都灵,军事工程官员,选自《日内瓦综合书目》,新系列,41卷,1842年10月,82期;附译者A. A. L. 为论文所做的注释”。洛夫莱斯的名字没有出现在译者的位置,但是她名字的首字母A. A. L. 被注在每篇注释的后面。

梅那布雷亚在论文中描述了巴比奇差分机能力的本质和范围,他还高度赞扬分析机可能提供的扩展功能。他指出,分析机建成后,可以执行4种算术运算,即加、减、乘、除,这些运算是通过一系列齿轮相互之间的机械作用实现的,除了能够快速和准确地计算,当它探测到预先指定的条件被满足时,还可以执行逻辑分析来修正操作的执行顺序。这个设备使分析机能够应用计数器和条件来控制循环和分支运算,因此一旦设置好机器解决某个问题,它就不再需要操作者的进一步干涉。他提到,分析机可以制造出一个表库,用来存储对数值和其他常用数值,他还重复巴比奇的声明,这台机器能够在3分钟内求出两个20位数的乘积。

在长达8页的“注释A”中,洛夫莱斯解释了巴比奇早期差分机和更先进的分析机之间的根本差别。她指出,老式差分机可以用有限差分方法计算六阶或较低阶多项式的值,并打印出一个结果表。这种方法将每个函数值的计算简化为很多组运算,每组运算最多执行6次加法,这样处理的原因是差分机实际上只能执行加法。

文中她尽量注意不贬低差分机的功能,因为这台机器已经可以给出精确的数值表。与此同时,她比较了在计算更复杂表达式时差分机的有限功能与分析机的更多功能,分析机可以执行4种运算——能够计算加、减、乘、除,新机器可以解决线性方程组系统,多项式相乘;计算无穷级数任意一部分的值;除了算术运算,还可以进行符号运算。她解释了分析机之所以具有这么多的功能,是因为其中有一组穿孔卡片,这些卡片上孔的不同位置组合对应不同的数学符号。这些卡片与雅卡尔(Jacquard)提花机上的控制卡片类似,提花机上的卡片能够控制机器在纺织品上编制各种复杂的图案,通过选择并排列这些卡片,就可以确定机器将要操作哪些运算以及以什么顺序进行。洛夫莱斯还有远见地预测机器可以弹奏音乐,她认为,只要能适当地量化音乐的特性,分析机就可以演奏精细的乐曲。

"注释B"一共5页,其中,描述了存储仓库的设计和运行。存储仓库以齿轮集合来充当机器的存储器,堆积在同一转轴上的齿轮和转盘组,实质上代表某一变量在程序开始或计算过程中保存的数值。洛夫莱斯举例说明分析机如何计算表达式的值,她给出合适的控制卡片序列,演示将3个变量a, x, n存储上的初值$a=5, x=98, n=7$,并计算出表达式ax^n,x^{an},$a \cdot n \cdot x$,$\frac{a}{n}x$和$a+x+n$的值。她的解释区分了两类变量,一类是计算中需要使用其数值的给定变量,另一类是存储结果数据的接受变量。

在"注释C"中,洛夫莱斯提到所谓循环的一组运算,通过备份相应的卡片,就可以多次重复运行这组运算。

"注释D"共有5页,其中,洛夫莱斯系统地解释了如何计算表达式$\frac{dn'-d'n}{mn'-m'n}=x$和$\frac{d'm-dm'}{mn'-m'n}$的值,她给出所需的11次运算(6次乘法,3次减法和2次除法)的顺序。她还画出一张详细的图表,这张图表与汇编语言计算机程序十分类似,图表中共有16个给定变量和接收变量,并展示了11步运算中每一步导致的变量增量。梅那布雷亚论文中用一个仅有7行的图表给出求解表达式x的过程,通过推广原有的内容,洛夫莱斯给出这个极度详细的类似图表。在解释步骤顺序时,洛夫莱斯强调,机器可以存储计算中重复使用的中间结果(例如,上文两个表达式中相同的分母)。她还阐述了实现"自加"运算的方法,所谓"自加",是指$V_n=V_n+V_p$,其中V_n既是给定变量也是接收变量。

洛夫莱斯很仔细地将机器的分析能力和数值计算能力区分开来。在9页的"注释E"中,她解释了分析机如何求两个三角函数表达式的乘积,如$A+A_1\cos(\theta)+A_2\cos(2\theta)+A_3\cos(3\theta)+\cdots$和$B+B_1\cos(\theta)$。假设得到的乘积表达式为$C+C_1\cos(\theta)+C_2\cos(2\theta)+C_3\cos(3\theta)+\cdots$。洛夫莱斯说明如何应用已知公式$\cos(n\theta)\cdot\cos(\theta)=\frac{1}{2}\cos((n+1)\theta)+\frac{1}{2}\cos[(n-1)\theta]$让机器确定乘积三角表达式中的系数,而不用预先给出计算的明确公式。她强调机器的代数能力已经扩展到可以计算对数、正弦、正切和其他非多项式函数组成的无限级数。

"注释F"比较简短,只有2页。其中,给出将包含10个十元线性方程的系统化简为上三角形式的过程。洛夫莱斯提出一个重复性的程序来完成这个任务,首先用第一个方程消去后9个方程的第一个系数,然后用第二个方程消去后8个方程的第二个系数,持续类似的操作直到第十个方程只有一个未知数。整个过程共需330

次运算,只要将3张卡片重复使用110次就可以实现这个过程。这个例子也被她用来说明即使没有完整的公式,机器也可以求解数学问题。在最后的总结中,洛夫莱斯预言说,这个机器能够进行非常长的运算序列,由此可能使数学家得到从来没有考虑过的新结果。

洛夫莱斯的著作中最具历史意义的重要部分是长达10页的"注释G"。在这篇注释中,她给出第一个计算机程序。同时她通过文字和图表的方式详细解释了一个计算过程,这个计算过程可以求解一系列被称为伯努利数(Bernoulli)的数值。洛夫莱斯推导出一个递归关系式,如果已经计算并储存了较小的伯努利数B_0, B_1, B_2……B_{2n-1},机器就可以通过这个公式确定B_{2n}。洛夫莱斯演示了如何进行这个程序。计算伯努利数的程序逻辑上远远复杂于"注释D"中的11行指令序列,在"注释D"中,所有操作只按给定的顺序执行一次,但是在这个程序中,需要由机器决定计算步骤的顺序。机器要能够计算数值,然后选择执行循环还是另一个不同的操作,其中的循环和分支概念将静态指令列表和逻辑计算机程序区分开来。洛夫莱斯在解释程序时,还给出了一些更微小的细节,比如,她计算了程序中需要加、减、乘、除运算的总次数。

"注释G"还给出了分析机的其他重要信息,其中第一节总结了机器的6条特性。除了能够进行4种算术运算和操作不限大小与个数的多个变量之外,洛夫莱斯指出,机器有能力同时进行算术和代数分析。她提到分析机可以运算正数和负数;能够从一个公式中减去另一个公式;当检测到取值为零和"无穷大"时,机器可以自动调整指令顺序。她还简短地讨论了如何可以使分析机计算ax^n和幂级数的导数与积分。

后期活动

　　洛夫莱斯的翻译论文和注释发表以后，相关学者给予了很高的赞扬。巴比奇称她的作品是那个时代对自己机器的最佳说明，他还明确地宣称，这些文章能使科学家们意识到机器可以执行分析的整个过程。玛丽·萨莫维尔恭贺洛夫莱斯将如此之难的题目阐述得非常清晰。虽然出版时只注上她名字的首字母 "A. A. L."，但是伦敦的小科学团体中大部分人都知道作者是洛夫莱斯。

　　洛夫莱斯原本期望翻译的成功能最终促使她走上科学作家的职业道路。在给巴比奇和玛丽·萨莫维尔的信中，她将有关分析机的作品描述为自己的 "孩子"，并认为这只是她希望创作的许多 "孩子" 中的第一个。她计划雇用家庭教师和保姆来照看自己的3个子女，这样她就有时间从事写作事业。她请求巴比奇雇用自己来管理文书工作，撰写技术文档，并向公众宣传分析机。她计划为巴比奇工作3年，因为巴比奇估计3年内可以完成机器的开发，然而巴比奇拒绝了她的提议。随后，洛夫莱斯询问能否成为英格兰艾伯特（Albert）王子的科学顾问。她还开始收集多个领域的科学资料，包括人体神经和循环系统的显微分析、电路、毒药学、神秘学、催眠术以及数个科学发现的历史。她提出与科学家迈克尔·法拉第（Michael Faraday）和安德鲁·克鲁斯（Andrew Crosse）合作，一起进行电学实验和写作项目。她筹划一系列潜在的计划，并开始进行其中的一部分，但是大部分都没能实现。1848年，她的丈夫为法国农学家德·加斯帕林（De Gasparin）的一本书写了一篇评论。这本书主要讲述气候对农作物成长的影响。洛夫莱斯为这篇评论写了一些段落和脚注，这些就是她后来仅有的正式发表作品。

洛夫莱斯晚年的生活充满争论和非议。她一生都在忍受哮喘、消化问题等健康问题，以及严重的情绪波动、抑郁症和幻觉带来的痛苦，为了寻找针对这些身体疾病的科学疗法，她尝试过鸦片、大麻、吗啡和酒精。她和巴比奇一起为一个有缺陷的数学概率理论设计了一套赌博方法。她喜好赌马并输了很多钱，最后不仅卖掉了自己的名贵首饰来偿还赌债，她的丈夫也不得不替她向债权人求情。于1852年11月27日，艾达·洛夫莱斯去世，死因是子宫癌。

结语

虽然巴比奇生前没能制造出分析机，但是计算机学家们将他尊为"现代计算之父"，因为他设计出第一台可编程的计算机器，其基本原理是存储指令来控制和修正机器的行为。而洛夫莱斯第一个清楚地解释了如何与这类机器交流并进行控制，因此，洛夫莱斯是世界上第一位程序员。虽然她在19世纪写下的作品并未直接影响20世纪的计算机程序员，但是今天的程序员们延用她的工作作为这个职业的开端。

1953年，人们重新发现洛夫莱斯为巴比奇机器所写的注释。随后，B. Y. 鲍顿（B. Y. Bowden）将这些注释出版在《比思维更快：数字计算机械专题论文集》中。1980年，美国政府宣布开发一种新标准编程语言的意向，为了纪念洛夫莱斯，这种语言被命名为艾达。所有军方和政府应用软件都将用艾达语言开发，这样，不同的小组就能够利用其他小组已经编好的程序段，并且促进联邦计算机系统之间的通信。一个信息技术领域的专业组织——妇女计算协会设立了奥古斯塔·艾达·洛夫莱斯奖,用来奖励在计算科学领域作出杰出贡献的女性。

七 佛罗伦斯·南丁格尔

（1820—1910）

基于统计学的健康护理

佛罗伦斯·南丁格尔用图形的方式向政府领导展示了医疗和卫生等方面的统计结果，并成功地劝说他们改善英国医院、军营和救济院的条件（格兰格）。

佛罗伦斯·南丁格尔（Florence Nightingale）是最先应用统计信息的公众人物之一，并且利用这些信息改进社会实践。在克里米亚半岛战争期间，她是所有英国护士的总管。期间她记录了伤员死亡率的下降，并将这些内容补充进她为军队医院编写的新护理实践指导。南丁格尔十分渴望学习数学，她引入极坐标面积图技术，应用这个技术可以有效地用图形方式总结显示分类数据。她对医疗卫生的统计结果进行图形化，并用这些图示说服政府和军队领导推行广泛改革，以改善英国的医院、军队军营和救济院的条件。她创建了护士训练计划，并写出了护理指南。这些都给全世界的护理业带来了重大的改变。

对护理和数学的兴趣

南丁格尔出生于1820年5月12日。她的父母是威廉·爱德华·南丁格尔和弗朗茜斯·史密斯。父亲本来姓肖（Shore），是一位富有的地主和本地的郡长。在从舅祖父皮特·南丁格尔那里继承了位于英格兰德贝郡（Derbyshire）的地产之后，他就改姓南丁格尔。母亲是政治家威廉·史密斯11个子女中的一个，史密斯在英格兰议会中任职长达40年之久。两人婚后不久就到欧洲旅行两年，期间生下佛罗伦斯。她的名字取自出生时所在的意大利城市名。

南丁格尔一家生活舒适并喜爱英格兰上层社会的社交生活。1825年，他们一家搬到德贝郡一处名为利·赫斯特（Lea Hurst）的新庄园。1826年，在汉普郡（Hampshire）购买了一处更大的住所，名为埃姆布雷公园（Embley Park）。子女的早期教育由一些保姆和私人教师负责，她们学习阅读、写作、英国历史、基督教经文和算术。等她们稍大后，父亲教她们世界史、希腊语、拉丁语、法语、德语、意大利语和数学。在这两处宽敞的住宅里，南丁格尔一家经常款待有名望的外国客人和伦敦上流社会的精英。

南丁格尔很小的时候就显露出对护理的强烈兴趣，但是对于她所处的上层社会来说，护理显然不是一个合适的职业。还是小女孩时的南丁格尔曾成功地照料一只脚爪受伤的小狗，还和母亲一起看望生病的邻居。南丁格尔将拜访时的感受和照料小狗的过程都详细地记录在日记里。随着年龄的增长，当有亲属生病时，他们都会寻求南丁格尔的协助和建议。1837—1838年，南丁格尔和家人在欧洲度过了18个月的家庭假期，期间，她参观了意大利热那亚（Genoa）的聋哑学院。她还拜访多处由修女管理的医院和学校，包括苏格兰爱丁堡、爱尔兰都柏林、法国巴黎、意大利罗马和埃及亚历山大。1850—1851年，她两次长期访问位于德国杜塞尔多夫（Düsseldorf）附近的凯泽沃斯女基督教徒医院，在那里，她仔细地观察了医疗机构的运作和护士修女团体的管理方法。

除了被护理事业深深吸引以外，南丁格尔还建立起对数学的强烈兴趣。20岁时，她劝说父母同意她学习高等数学，而不用去学习针线活和舞蹈。她的代数和几何的导师包括詹姆斯·约瑟夫·希尔维斯特（James Joseph Sylvester），希尔维斯特后来就任伍尔维奇（Woolwich）皇家军事学院的数学教授，并担任伦敦数学协会的会长。南丁格尔还短暂地在伦敦的贫民儿童免费学校辅导学生并教授算术和几何。她给朋友的信件表明她很熟悉数学史和著名数学家生活中的趣事。

南丁格尔逐渐对发展中的统计学有了浓厚兴趣，这个数学领域关注于分析数据。她阅读了比利时数学家阿道弗·凯特勒（Adolphe Quetelet）1835年的著作《论人类及其才能的发展，社会物理学短文》。书中，凯特勒指出，对任何个人的特性进行测量，得到的结果分布总是满足在"平均人类"特性附近的常态曲线。1847年南丁格尔还参加了在牛津举行的英国科学促进会会议。F. G. P. 内森（Neison）在会上报告了在人民受教育情况比较好的国家，犯罪率相对较低。南丁格尔了解到少数经济学家已经在分析社会条件时开始应用统计学证据了。

在19世纪50年代早期的日记和发表作品中，南丁格尔描述了促使她做出献身护理事业决定的事件。1851年，她匿名出版了一本题为《莱茵河畔的凯泽沃斯学院》的小册子，文中描述了她第一次参观这所护理机构时留下的良好印象。次年，她写下《对英格兰工匠中宗教真理探索者的思想的建议》。这部手稿一共3卷,并于1860年由南丁格尔私人出版。书中她分享了自己哲学理念中的一些观点,包括她认为婚姻是自私的以及妇女也应追求自己的事业。她的姐姐帕耳忒诺珀是一位成功的小说家,1854年,帕耳忒诺珀将南丁格尔5个月埃及旅行期间的通信收集起来汇编成一本书《埃及的来信,尼罗河之旅,1849—1850》。这本旅行见闻录流行于全英格兰,其中包含南丁格尔对埃及社会的一些现象的反思,如卫生保健和教育现状、妇女在社会中的角色。这几个月间,她在日记中记录了5个景象。她认为这些景象是上帝在指引她献身于神圣的服务行业。刚回到英格兰,她就结束了与理查德·蒙克顿·米尔内斯(Richard Monckton Milnes)长达9年的恋情。米尔内斯是一个诗人和社会改革家,后来成为霍顿(Houghton)勋爵。分手之后,南丁格尔将所有精力都投入到护理事业中。

1853年,33岁的南丁格尔无偿担任伦敦妇女医院的主管。她提出彻底改变护理程序,要求护士在病房附近的岗位上休息,无论何时,当病人摇响专门设置的铃铛时,护士必须立刻出现并满足病人的需求。她为医院改善设备,如热水管道和直接将饭菜送到病房的升降机,她还将医院的病床增加到27张。3个月内,她换掉医院的牧师、主治医师和几乎所有的护士与卫生人员。虽然有计划地完成这些改进措施,但是她还是没能实现她的一个主要目的——建立一个培训妇女成为护士的机构。

 ## 克里米亚战争期间的护理

1854年10月克里米亚战争期间,南丁格尔响应政府的提议,召集女性护士到黑海附近的军队医院服务。当时英国、法国和土耳其军队正在那里对抗俄国军队。数位南丁格尔的有影响力的朋友都向政府推荐她，包括战争大臣西德尼·赫伯特（Sidney Herbert），最后，南丁格尔被任命为土耳其英国军队总医院的女性护理团队的主管。11月，她带领来自爱尔兰、英格兰、法国的38名护士一起抵达君士坦丁堡郊区的斯克塔里（Scutari）。在那里，她们被派到当地的军营医院。这是克里米亚战区内英国最主要的医疗机构，除了军队提供的预算，她还掌握一笔总数9 000英镑的基金，这是在英格兰时她为这次护理任务通过私人募捐筹集的资金。

虽然正式职责是管理4个分院的护士，南丁格尔还是经常超出自己的职权，在医院运作的各个方面推行广泛改革。她建立新厨房和专门的洗衣机构，修缮医院的墙壁以加强保暖，并提出食物准备和日常卫生打扫的新程序。她从自己的基金里出钱购买水果、蔬菜、高质量的肉食、绷带和额外的药品。虽然完全执行这些改进需要4个月，但是她首先快速建立起一个精细的记录保存系统，这个系统改善了医院运转的混乱状况，也使她能够监控改进措施的效果。

南丁格尔的笔记表明，她在1854年11月抵达医院，据斯克塔里医院的统计有60%的伤员最终死亡。到1855年2月，也就是她提出的改进计划完全实施后的一个月，这些措施已经将伤员死亡率降低到43%；在这套新的护理和医院运作系统完整运行3个月后，伤员死亡率在6月份下降至2%。而在没有采取这些改进的法国医院，伤员死亡率在整个战争期间都保持在40%左右。

战地记者为伦敦最主要的报纸《泰晤士报》（The Times）撰写文章，他们赞扬南丁格尔工作的有效性，并称她为国家的女英雄。1855年5月，当英国维多利亚女王从电报中得知南丁格尔感染伤寒,她命令驻克里米亚英国军队司令拉格兰(Raglan)勋爵去看望这位杰出的病人并带去女王最真诚的问候。同年10月,新战争大臣潘莫(Panmore)勋爵任命南丁格尔为陆军军队医院妇女护理团队的总主管,她的职责随之从战区扩展到整个英国医院。陆军部采用她提出的食品、衣物和设备的标准化和监控政策,并将其作为所有军队医院的官方程序,经她修改过的医疗官员的职责和薪水方案也由皇家授权执行。

 战争死亡率的统计学分析

1856年7月,战争已经结束4个月。南丁格尔返回英国并受到公众的广泛称赞。借助自己的声誉和知名度,她指出英国士兵被迫忍受的不卫生条件。在与首相帕莫斯顿(Palmerston)、维多利亚女王和阿尔伯特(Albert)王子的会面时,她提出必须对军营和医院进行大规模改革。由于受到陆军部的抵制,1857年5月,政府建立陆军卫生皇家委员会。南丁格尔不被允许在委员会任职,但是她对委员会的工作有巨大影响。一方面,因为她和委员会主席赫伯特之间的友谊;另一方面,委员会的大部分信息都是她提供的。

1858年,南丁格尔向委员会提交长达800页的报告《有关影响英国陆军健康、效率和医院管理的因素的记录(基于最近战争的经验)》。这个内容丰富的报告以图形方式总结了英国士兵在和平时期和克里米亚战争期间的死亡率。南丁格尔的线状图表明,在所有4个年龄类别中,军营中士兵在和平时期的死亡率接近20%,这几乎是男性公民死亡率的2倍。她总结到对于总数5.5万人的英国陆军,这意味着强迫士兵居住在军营中等同于犯下每年枪杀1 100名士兵的罪行。她利用面积图表指出,如果陆军每年征召1万名20岁的男子,并且每名应征者都在军中服役至40岁,军事死亡和"病残"率将使陆军兵力从潜在的20万减少到14.2万。在附随的图表中,她还展示了如果军事死亡和病残率降低到相对非常低的平民死亡率,同样的陆军兵力能够上升到16.7万名强壮的士兵。

南丁格尔在报告中创造了一种新的图示方法,这种图表后来被称作极坐标面积图或"冠状图"(coxcomb),因为它很像公鸡头顶的鸡冠。她两次使用这种图表来总结1854年4月至1856年3月克里米亚战争期间英国军队医院伤员的死亡人数。她从平面上一点出发将圆周角分为12等份,得到12个楔形区域,每个楔形都有相同的顶角和

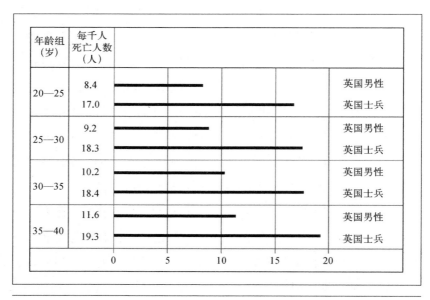

南丁格尔使用类似的线状图直观地比较了和平时期英国士兵和民众的死亡率。通过比较每对线段的长度,揭示出,对于所有军队的4个年龄段,每千人死亡率几乎是相应平民死亡率的2倍。

同一个顶点,这12个楔形区域分别对应从4月到次年3月的12个月周期,每个区域中的扇形阴影面积正比于相应月份的死亡人数。南丁格尔又将楔形区域内的月度死亡图表依据死亡原因归成三类:外部灰色区域代表可预防或者传染疾病如霍乱和伤寒;中间灰色区域代表受伤导致的死亡;内部灰色区域代表所有其他原因的死亡。她的图表说明军队医院死亡人数在1855年1月达到最高峰,当月共有3 168人死亡——其中2 761(87%)人死于传染病,83(3%)人由于受伤致死,324(10%)人死于其他原因。这个死亡数字几乎是英国派驻克里米亚3.2万名陆军士兵的10%。南丁格尔评论说,如果这样的死亡率持续下去,仅仅由传染病导致的死亡就会在一年内使整个陆军消失。

英国医生和统计学家威廉·法尔(William Farr)这样描述南丁

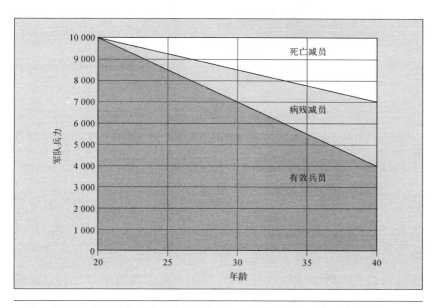

通过面积图表,南丁格尔形象地总结了由于死亡和永久损伤造成的英国陆军人力损失。两个三角形区域的面积表明死亡和伤残的士兵消耗了29%的军事力量。

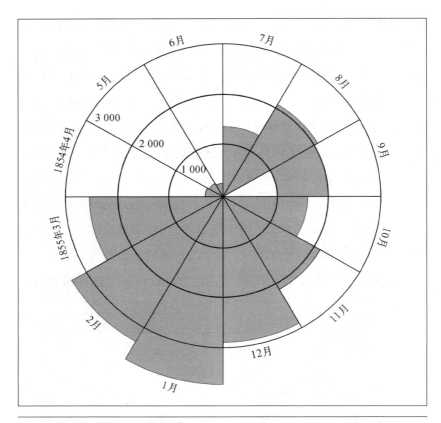

在给陆军军部的报告中,南丁格尔引入极坐标面积图(或称为冠状图)。通过这些图表,她总结了克里米亚战争期间英国士兵每月的死亡人数。每个楔形又被分成不同区域来表示单月内不同原因导致的死亡人数,包括传染病、战斗创伤和其他原因。

格尔的报告:无论是统计图表方面还是陆军方面,这份报告都是写得最好的文件。委员会在1858年报告中引用她的大部分数据,并将她所有图表都收入附录当中。相对于文字报告,她的图表形式数据陈述可以更有效地说服政府领导、军方官员以及改革涉及的普通民众。受此鼓舞,南丁格尔自己印刷并分发了2 000份她的图表集《国内、国内和国外,俄国战争期间英国陆军死亡人数以及与英格兰平民死亡人数的比较》。1859年，她制作了一本类似的册子《近期与俄国战争中英国陆军卫生历史记录的文献》。基于引自委员会报告中修改后的图形，她给出了一个图表式的总结。

这些报告和南丁格尔个人都集中关注军队的死亡率，这促使政府成立了4个分委会专门实施委员会提出的建议。一个团队负责改善军队医院和营房的物质条件，他们改进了厨房、水供应、排污设施和通风条件。其他3个分委会为军队编制卫生条例，建立军方医学院，并设计更先进的医疗统计数据采集程序。为了表彰南丁格尔在该计划上的先驱性作用，英格兰统计学协会于1858年吸收她为协会会员。

 促进国际卫生保健

在克里米亚战争结束后的前4年里，南丁格尔积极参加数个额外的开创性活动，通过这些活动来促进她的祖国和其他国家的卫生保健条件。1858年，她与法尔一起制作数据表格，随后将这些表格寄往印度所有的英国军事基地，由此收集信息以了解士兵们所处环境的卫生条件。1859年，她促成印度皇家卫生委员会的建立，向委员会提交自己的报告，并指出驻印度的士兵死亡率高出英国本土6倍。其主要原因是有缺陷的卫生系统、过度拥挤的生活条件、缺乏锻炼以及低劣的医疗设备。委员会于1863年提出《印度驻军报告》，其中一节引用她的评论并被命名为《南丁格尔小姐的观察资料》。通过实施他们提议的改革，印度驻兵的年死亡率在10年内从7%下降至2%。

南丁格尔发现，基于统计学证据的论证可以改变低效的医疗政策。她与法尔合作，共同设计了一份标准表格以便收集世界范围内的医院医疗数据。图表收集的医院年度信息包括收治、出院和死亡的病人数目，病人平均驻留时间和众多疾病种类中接受每一类治疗的病人数量。虽然1860年国际统计学大会批准了他们的《标准医院统计表》，但是这个表格未被广泛接受，因为表格结构过于复杂以及对疾病的分类还有争议。

除了与国家委员会和国际组织的合作，南丁格尔还创作了护理和医疗的书籍来改进卫生保健习惯。1859年，她写出手册《护理笔记：是什么与不是什么》。这是她出版的200部作品中最受欢迎的一部，手册在第一个月就卖出1.5万本。书中描述了护理的基本原则，其中还强调除了配药与更换绷带，护士还必须注意在消耗病人最少能量的前提下，适当地配合光线，新鲜空气，清洁，安静的环境和健康的饮食。两年后，她又发表《劳工阶级护理笔记》，这是前一本书的删节版，主要为普通公众所写，因此比较便宜，书中还增加了《婴幼儿看护》一章的内容。1859年，她还写出《医疗笔记》。在书中，她阐述了一条根本原则，即医院不能给病人带来新的伤害。该书还包括如何建造医院的指导方针，并给出采用这些方针的功能性原因。

南丁格尔进入护理职业的最初动机之一是建立护士培训计划。通过募集私人捐款，南丁格尔基金的资金已经增长至5万英镑。1860年7月6日，南丁格尔利用这个基金在伦敦圣托马斯医院开办南丁格尔学校。第一期共有15名护士学员，这是第一所近代护理学校。学校强调护士的行为举止、穿着和报告书写都必须遵守规定，此外，还要遵守南丁格尔在1859年的书中描述的其他护理要素。这个开创十分成功，7年后，《都市穷人法案》要求伦敦所有的救助医院必须雇用经过培训的护士。15年之内，全欧洲，甚至澳大利亚、加拿大和美国都要求南丁格尔的学校派护士到当地开办类似学校。

由于健康问题的困扰，南丁格尔一生的最后30年不得不待在家中，但是她仍然继续与国外的朋友通信，并撰写护理书籍和论文。她在美国南北战争期间担任陆军卫生顾问，并指导英国陆军部驻加拿大军队的医疗护理。1870年普法战争期间，法国和普鲁士都向她询问意见以建立战场医院来救治伤兵。她进一步创作了有关护理的论著，包括1871年的《住院期介绍笔记》；1882年为《奎恩医学辞典》写的两篇文章；为1893年芝加哥博览会写的《疾病护理和健康护理》。为了表彰她为军队护理作出的贡献，陆军部于1883年颁给她皇家红十字奖，并于1907年推举她获得著名的功绩勋章。1910年8月13日，南丁格尔在伦敦的住宅中安然去世。女王准许将她葬在威斯敏斯特教堂，一个专为英国最杰出公民准备的墓地，但是她的家人拒绝了这一荣誉。

结语

克里米亚战争期间，南丁格尔每晚都要抽出数小时在医院病房巡视并看望受伤的士兵。1857年，美国诗人亨利·沃茨沃斯·朗费罗（Henry Wadsworth Longfellow）写下诗歌《圣·菲洛蒙娜》。诗人在诗中将南丁格尔描述为一位提着灯、富有同情心的女士，这幅场景伴随着诗歌广为流传。相对于单个病人的亲自护理，她更重要的工作是作为管理者、作者、顾问以及影响巨大的公众人物。她使用统计学论证改革医院、军营和救济所的卫生条件。她引入极坐标面积图,这个图形技术为数据分类提供了一种形象的有效总结方法。虽然当时统计学只是数学中的一个新分支,但是她有效地证明了统计信息可以为社会活动带来积极的改变。

八 格奥尔格·康托

（1845—1918）

集合论之父

格奥尔格·费迪南·路德维格·菲利普·康托（Georg Ferdinand Ludwig Philipp Cantor）引入有关无穷集合的基本思想，由此开创数学新分支集合论。他应用对角线法建立起自然数、有理数和代数数之间的一一对应关系；他还将正方形区域内的点和一段线段上的点一一对应；他发现所有实数构成一个不可数集合，同时，任何无穷集合的幂集具有比原集合更高的基数，由此他证明无穷存在不同的阶。此外，他还引入连续统假设、良序原理、基数三分法和所有集合组成的集合。这些概念为数学发展起了严格的集合论。

格奥尔格·康托引入无穷集合的基本概念，这些概念建立起了数学的新分支集合论（国会图书馆）。

家庭生活与教育

　　1845年3月3日，格奥尔格·康托出生在俄罗斯圣彼得堡。父亲格奥尔格·沃德玛·康托是一位富裕的商人和股票经纪人，从丹麦移居至俄国。母亲玛丽亚·安娜·伯姆出生在一个小提琴手和音乐教师世家。康托是家中6个孩子中的老大，在进入圣彼得堡的小学之前，他一直跟着母亲学习阅读和写作。

　　1856年由于父亲生病，一家人搬到气候更为温和的德国，他们首先迁到威斯巴登（Wiesbaden），随后又换至法兰克福。康托是学校里最优秀的学生，在学校里，他建立起哲学、技术、文学、音乐和数学方面的兴趣，这些兴趣一直伴随了他一生。康托在威斯巴登高中度过三年时光，随后转学到达姆施塔德（Darmstadt）格兰-公爵实科中学（Grand-Ducal Realschule）做寄宿生。一年后的1860年，他从那里毕业。虽然康托表现出强烈的欲望想要成为一名数学家，但是父亲坚持让他选择工程职业，他只好进入达姆施塔德的技术学院高等工业学校（Höheren Gewerbschule），并参加一个工科计划。两年后，经过不断的劝说，父母终于同意康托到瑞士苏黎世工科大学（Polytechnikum Institute）学习数学。

　　康托的父亲于1863年死于肺结核。之后，康托转到柏林大学，并有机会在卡尔·维尔斯特拉斯、爱德华·库默尔（Eduard Kummer）和利奥波德·克罗内科（Leopold Kronecker）的指导下学习，这三位导师都是当时欧洲杰出的数学家。为了扩展数学知识，康托参加了哥廷根大学1866年的夏季学期。1867年12月，他完成了博士论文答辩，论文题目为《二次不定方程》。在论文中，康托解决了德国数学家高斯1801年提出的一个未定问题,这个问题与二次方程 $ax^2+by^2+cz^2=0$ 有关,其中 a、b、c 为任意整数系数,x、y、z 为整数未知数。由于解决了这个难题,康托以杰出的优等成绩获得博士学位。同年,他写下另一篇论文《数学中提问艺术比解决问题更为重要》,这篇论文预示康托的数学生涯将显现出重大意义。相对于他成功证明的定理,康托提出并遗留下来的未解决问题最终引发了更大的成就。

在等待得到大学教授职位的同时,康托通过了德国国家考试,这是德国所有任课教师必须通过的资格考试。在此期间,康托还在柏林一所女子学校教授一年课程。1869年,他接受哈雷(Halle)大学的讲师职位。拥有这个职位意味着康托可以在大学教授课程,但是所有报酬将直接来自听课的学生。1872年,他升为副教授,随后在1879年升为教授。此后,康托不断争取更著名大学的职位,这样就可以教授更好的学生,并与更优秀的同事一起研究数学,但是他在哈雷大学度过了整整44年的学术生涯。1874年,康托与妹妹的朋友瓦雷·古德曼(Vally Guttmann)结婚,他们生下了2个儿子和4个女儿。

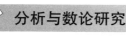

分析与数论研究

当康托还是库默尔和维尔斯特拉斯的学生时,就开始了早期数学研究,研究方向主要集中在分析和数论方面,这也是前一个老师的研究领域。到哈雷大学任职后,康托主要与学校最著名的数学家亨利希·海涅(Heinrich Heine)一起合作。这一时期,康托开始对傅立叶级数问题特别感兴趣,傅立叶级数方法可以将函数表示为无穷多个正弦和余弦函数的和。1867至1873年间,康托共写出10篇论文,这说明他有能力进行高质量的数学研究,也为他塑造起严肃和有才华数学家的形象。

康托这一时期最重要的工作成果出现在1872年的论文《三角级数理论中一个定理的推广》中。论文发表在《数学年报》。文中,康托通过有理数基本序列(现在成为柯西序列)来构造实数。依照他的定义,如果两个有理数序列 a_1, a_2, a_3……和 b_1, b_2, b_3……拥有相同的极限,同时它们的差序列 a_1-b_1, a_2-b_2, a_3-b_3……收敛到零,那么,这两个序列等价并且代表同一个实数。虽然实数概念已经被数学家们使用了上千年,但是康托构造了第一个给出实数定义的具体表达形式。同一年中,还有另外一个德国数学家理查德·戴德金(Richard Dedekind)发表了自己发明的戴德金切割的概念,这种方法也可以定义一个实数,即一个实数是将所有小于该实数的有理数和大于该实数的有理数分隔开的边界值。这两种等价的定义分别由两人独立发展而来,后来这两个概念一起组成分析中的一个基本概念,即实数的康托-戴德金公理。

在有关实数的工作中,康托提出,形如 $c_1+\dfrac{c_2}{2!}+\dfrac{c_3}{3!}+\dfrac{c_4}{4!}+\cdots\cdots$ 的无穷级数,其中的分子都是非负整数。他证明,任意正实数都可以表示为这个级数的部分和所组成序列的极限,这个级数现在被称为康托级数。他还研究了实数的无穷乘积表示方法,由前 n 项相乘得到的部分积给出定义实数的另一个序列。

通过实数方面的研究,戴德金和康托建立起互惠的工作关系和深厚友谊。1874年,康托在瑞士度蜜月期间,还抽出时间与同在那里度假的戴德金一起讨论数学。1873—1879年,两人进行大量的通信继续讨论两人的研究。戴德金所拥有的深刻、抽象并富有逻辑的思想方法深深影响了康托的研究方向和概念的发展。

集合论的诞生

戴德金和康托两人在信件来往中讨论了无穷数集。康托分析了自己的一个证明，这个证明指出，自然数集合（所有正整数）和有理数集合（可以写为两个整数相除的数）拥有相同的元素个数。他给出一种创造性的方法将两个集合中的元素互相配对，从而在两个无穷集合之间建立起一一对应的关系。首先，他将全部正有理数重新排列成很多行分数的组合，第一行分数的分母都是1，第二行分母都是2，第三行分母都是3，等等。然后，他将这些数按特定的顺序排列：沿第一个对角线上升，再沿第二个对角线下降，随后沿第三个对角线上升，第四个对角线下降。这样持续下去，得到序列 $\frac{1}{1}, \frac{2}{1}, \frac{1}{2}, \frac{1}{3},$ $\frac{2}{2}, \frac{3}{1}, \frac{4}{1}, \frac{3}{2}, \frac{2}{3}, \frac{1}{4}, \frac{5}{1}, \frac{4}{2}, \frac{3}{3}, \frac{2}{4}, \frac{1}{5}$……略去其中重复的元素，如 $\frac{2}{2}, \frac{2}{4},$ $\frac{3}{3}$ 和 $\frac{4}{2},$ 因为如果约分到最简单形式，它们的值已经在序列中出现过。根据最后得到的不重复序列，康托为每一个自然数分配一个正有理数。如果在序列中每一个元素后面加上该元素的相反数，然后在序列最开始加上数字零，则整个有理数集合就和自然数对应起来。通过这种创新的对角线法，康托证明，有理数集合是可数无穷集合。随后的职业生涯中，康托应用多种对角线法证明了数个重要结果，他也逐渐因为应用这些对角线方法而出名。

康托发现，无穷集合的元素可以和它子集合的元素之间建立起一一对应关系，但是他并不是第一位注意到这个事实的数学家。1632年，意大利科学家伽利略·伽利雷（Galileo Galilei）已经发现自然数1，2，3，4，5……可以和看起来比较小的平方数集合$1^2=1$，$2^2=4$，$3^2=9$，$4^2=16$，$5^2=25$……一一对应起来。虽然只有一部分自然数是平方数，但是这个一一对应关系说明，所有平方数的个数与全部自然数个数相等。伽利略对这个显然存在的矛盾十分困惑，但是他没有进一步研究下去。然而，康托和戴德金把这种现象看作是无穷集合的定义性特征。他们认识到，无穷集合的一个必要条件是该集合的元素可以和它的一个真子集建立起一一对应的关系。所谓真子集，是指包含原集合一部分而不是所有元素的集合。

康托正式确定并扩展了自己关于无穷集合的思想，他将这些内容写成论文《关于所有实代数数集合的一个性质》，于1874年发表在《纯粹数学与应用数学杂志》上。文中他给出无穷集合的两个重要结果，这些结果彻底改变了数学家们对无穷概念的认识。通过这篇论文，康托还为数学引入了新的分支集合论。

康托的这篇具有奠基性意义的论文包含两个主要思想，其中之一是处理有关代数数的概念。所谓代数数，是指整数系数方程的实数根。虽然这个集合同时包含自然数和有理数元素，但是康托在代数数集合与自然数集合之间建立起一一对应关系。对每一个整系数多项式方程$a_0+a_1x+a_2x^2+\cdots+a_nx^n=0$，康托定义了一个指数，这个指数等于所有系数绝对值的和再加上方程的阶数，即$|a_0|+|a_1|+\cdots+|a_n|+n$。仅有一个指数为2的方程，即$x=0$，所以它的根0是第一个代数数。指数等于3的方程有4个：$2x=0$，$x+1=0$，$x-1=0$和$x^2=0$，这些方程的根为0，-1，1。所以，康托将新出现的根-1，1作为代数

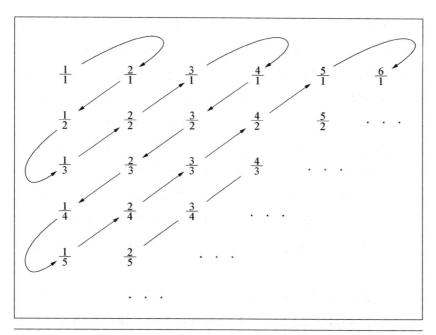

通过对角线法,康托给出一种系统的方法列出全部正有理数。略去不是最简分数的元素,然后再把数字零和负数包括进来,康托在自然数集合和有理数集合之间建立起一一对应关系。

数列表的第二个和第三个元素。康托发现,每一个指数只对应有限多个方程,而每一个方程又只有有限个根,这样就可以先按照指数顺序,然后同一指数下按照大小顺序将所有新出现的根排列起来。通过这一系统方法,康托可以将所有的代数数列成一个序列,这个与自然数的一一对应关系也证明代数数集合是一个可数的无穷集合。

康托在这个论文中给出的另一个重要结果,是他证明了实数集合是不可数的无穷集合。首先,康托说明每一个实数都可以通过一个嵌套区间序列 $[a_1, b_1]$,$[a_2, b_2]$,$[a_3, b_3]$ ……来确定,然后,康托证明所有这些区间序列组成的集合不可能与自然数建立起一一对应关系,由此康托说明实数集合不可数。数年后,康托应用对角线法给出一个更完美的证明,同时也使这一结论更为清晰。在这个较晚的证明中,康托使用了反证法。他首先假设实数集合可数,那么可以将所有实数按照小数位上的数字大小排列起来,给定这样一个序列,如 $0. a_1a_2a_3a_4\cdots\cdots$,$0. b_1b_2b_3b_4\cdots\cdots$,$0. c_1c_2c_3c_4\cdots\cdots$,$0. d_1d_2d_3d_4\cdots\cdots$。康托指出,对于任意这样的序列,总可以构造一个实数不在这个序列中,例如,让一个实数小数点后的第一位不等于 a_1,第二位不等于 b_2,第三位不等于 c_3。这样持续下去,则最后得到的实数不会出现在预先给定的序列中,也就是说,任意序列都不能包含所有的实数,因此,实数集合是不可数无穷集合。

这两个重要结论说明某种意义下实数集合远远大于所有的可数无穷集合,如自然数集、有理数集和代数数集。康托也由此证明了

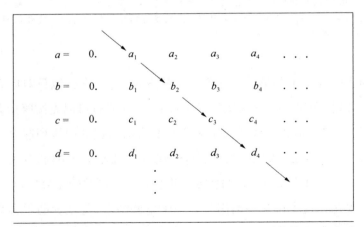

康托证明不存在包含所有实数的小数序列。例如,对于任意小数序列,可以这样构造一个实数:让它小数点后的第一位数字与序列中第一个数的不同,第二位数字与序列中第二个数的不同,等等。这个证明说明实数集是不可数无穷集合,也说明存在不同等级的无穷。

无穷存在不同的大小，这是数学家从来没有考虑过的一个新颖概念。随着对这些新概念越来越熟悉，康托引入了"指数"和"基数"来描述集合的大小，如果两个集合的基数相同，则这两个集合"相等"。康托还发明"连续统基数"的表达式，来描述像实数集合这样的不可数无穷集合的大小。1844年，法国数学家约瑟夫·刘维尔（Joseph Liouville）已经指出，存在无穷多个非代数数或者超越数，康托的新结果意味着超越数集合具有连续统基数。超越数并不是很稀少的数字，它们的数量远远超过更为熟悉的代数数。

 连续统假设

康托不断研究无穷集合的迷人性质。1878年的论文《流形理论论文》也发表在《纯粹数学与应用数学杂志》上，其中，他证明二维曲面和一维直线具有同样多个点。他提出革命性证明，在单位正方形 $S=\{(x, y)|0 \le x, y \le 1\}$ 点集和单位区间 $I=\{z|0 \le z \le 1\}$ 点集之间建立起点的一一对应关系。对单位正方形区域中任一点 $(x, y)=(0.x_1x_2x_3\cdots\cdots 0.y_1y_2y_3\cdots\cdots)$，康托将两个数小数点后的数字合并得到单位区间内的数 $z=0.x_1y_1x_2y_2x_3y_3\cdots\cdots$ 相应地，对于单位区间内任一点 $z=0.z_1z_2z_3z_4z_5z_6\cdots\cdots$ 可以将小数点后的数字分开得到两个小数 $(x, y)=(0.z_1z_3z_5\cdots\cdots 0.z_2z_4z_6\cdots\cdots)$，这两个小数给出单位正方形内某点的两个坐标。康托的证明表明这两个集合虽然具有不同的维度，但是它们都具有连续统基数。

当康托完成这个违反直觉结果的证明后，他告诉戴德金说："我看到它但是我不相信它"。由于结果令人十分难以置信，同时康托的证明方法包含无穷多个步骤，这篇论文引起了极大的争论。克罗内克当时在杂志的编辑委员会任职，他试图阻止康托论文的发表，并说服德国许多数学家拒绝接受康托的激进思想。意识到结果的重要性，戴德金赞同并促成论文的发表，但是康托仍然对杂志编辑的反应十分愤怒，从此他再没有向这个杂志投过稿，即使这是当时欧洲最负盛名的数学刊物。而且在后来的职业生涯中，康托一直为自己的革命性思想和非标准方法辩护。

康托在同一篇论文中提出，如果两个无穷集合不相等，那么其中一个集合必然与另一个集合的某一真子集相等。这个陈述被称为基数三分律。康托认为，这个基本原理看起来十分明确，但是康托经过大量尝试也没能证明这个原理。他提出的这个概念促使其他数学家进行了大量研究并产生了丰富成果。1904年，康托的同胞恩斯特·泽梅罗（Ernst Zermello）指出，不能从集合论的其他公理出发证明基数三分律，因为这个原理独立于其他公理。通过引入被称为选择公理的附加原理，泽梅罗证明了三分律。

1879至1884年的五年间，康托发表了在集合论方面最重要的工作成果，并发表为共计6部分的系列论文集《点集的无限、线性流形》，这篇长文发表在《数学年报》上。康托提出一个名为连续统假设的原理，这个假设断言，实数集合的任意无穷子集只能是可数无穷集合或者具有连续统基数，这意味着除了这两种基数没有其他类型的无穷基数。康托采用希伯来语的第一个字母Ж表示集合的基数，他将这两种无穷的阶记为Ж$_0$和Ж$_1$。最初康托试图证明连续统假设，随后又试图证明这个假设不正确，但是都没有成功。1900年，俄国数学家大卫·希尔伯特（David Hilbert）将这个假设作为他列出的23个重大数学问题之一。希尔伯特指出，这23个数学问题将对

20世纪的数学发展有重大影响。他的预言最终被证实,许多数学家试图证明或证伪康托假设,他们的工作产生了集合论的某些最深刻结果。1940年,数学家库尔特·哥德尔(Kurt Gödel)确定了连续统假设的相容性,他指出,从集合论的其他公理出发不可能证伪这个假设。23年后,美国数学家保罗·科恩(Paul Cohen)建立起这一假设的独立性,即不可能从集合论其他公理出发证明连续统假设。康托假设同时具有相容性和独立性,这意味着可以构造出某种满足连续统假设的有效集合论模式,同时也存在其他的模式不满足这一假设,由此数学家们认识到,这一陈述不可能被证明。

1883年,康托在系列论文集中提出了另一个有争议的概念,这个概念现在叫作良序原理。他声称,任何一个集合都存在一种次序,在这种次序下,它的所有子集都存在最小元素。康托还宣称,这是集合论的一个基本性质。康托的批评者拒绝承认这个原理是集合论的基本假设,随即康托试图证明该原理,但是没有成功。1904年,泽梅罗证明良序原理是他提出的选择公理的一个推论,最终数学家确定泽梅罗的选择公理、良序原理和基数三分律是互相等价的,并且都不能在集合论的范畴内给出证明。

在这个共计6部分的论文集中,康托在几篇论文里提出了一些基本概念,如封闭集、稠集、连续集和完备集,这些概念最终导致一些数学分支的建立,包括名为点集拓扑学和测度论的数学领域。康托给出一个现在称作康托集的集合特例,这个集合拥有一些看起来相互矛盾的性质。为了构造这个集合,康托从单位区间出发,首先将单位区间三等分并去掉中间1/3(所有1/3和2/3之间的值),然后将剩下来的两段再分别三等分并去掉中间部分,重复这个步骤无限多次,每次都去掉每个剩余区间的中间1/3。康托指出,这个集合包含单位区间内所有可以写成$\frac{c_1}{3}+\frac{c_2}{3^2}+\frac{c_3}{3^3}+\frac{c_4}{3^4}\cdots$形式的点,其中的分子只能是0或者2。康托进一步将分母全部换成2的幂次,同时将分子中所有的2变成1。通过这种方法他证明,康托集可以和单位区间中全部点组成的集合建立起一一对应关系,因此,虽然康托集看起来几乎是空集,但是它具有连续统基数。

 ## 子集定理、超穷算数和悖论

1884年,康托申请柏林大学数学教师职位。克罗内克仍然强烈反对康托的思想,并阻挠康托获得这个渴望已久的教授职位。作为回应,康托写了52封信件寄给《数学学报》的编辑古斯塔·米塔格-莱夫勒(Gösta Mittag-Leffler),信中猛烈抨击克罗内克。在这场论战期间,康托忍受着精神失常的痛苦,并在一家精神病院接受治疗。出院后,康托申请教授哲学和文学课程,他公开演讲并提出莎士比亚戏剧的真实作者是弗朗西斯·培根(Francis Bacon)爵士。

虽然有这些对抗,但是康托成功创立国内和国际数学家之间的协作网络。1890年,他帮助建立德国数学家协会(Deutsche Mathematiker-Vereinigung),并担任协会首任主席直到1893年。1897年,苏黎世第一届国际数学家大会成功举行,他在组委会中扮演了主导性角色,康托还付出相当多精力来促进不同机构和国家的数学家们互相交流数学思想。

19世纪最后10年,康托为成长中的集合论提出了另外几个原创性概念。1891年,康托的论文《论流形研究中的一个基本问

题》发表在《德国数学家协会年报》上。文中他应用对角线法证明
实数集合不可数，还证明了重要的子集定理，对于任意集合 S，康托
用 $P(S)$ 表示该集合的幂集——所有 S 的子集组成的集合。康托在子
集定理中证明，对于任意集合 S，它的幂集 $P(S)$ 具有比 S 更大的基
数。正如前文所说，康托在较早的时候已经证明连续统基数定理，
即至少存在两种不同大小的无穷，通过推广这个定理，康托建立起
子集定理或叫做康托定理。子集定理指出，存在无穷多个基数，康
托将这些基数称为超穷数。

　　康托的最后一篇数学论文是《关于超穷集合研究的基础》。这
篇论文分别于1895年和1897年分两部分发表在《数学年报》上。
1915年，菲利普·儒尔丹（Philip Jourdain）将这两篇论文翻译为英
文并出版成书。在这些论文中，康托发展起超穷数满足的算术规
则，说明如何求无穷量的和与乘积。他还提出，对于两个无穷集合
A 和 B，如果 A 的基数与 B 的某一子集相同，同时，B 的基数与 A 的某一

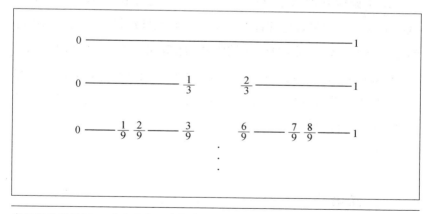

康托集是区间 $[0，1]$ 的子集。其构造方法如下：首先去掉单位区间的中间1/3（所
有位于1/3和2/3之间的值），然后去掉剩余两个区间的中间1/3。这样每次去掉所有
剩余区间的中间1/3，无限多次以后，就得到康托集。

子集相同，那么，A和B必然具有相同基数，但是没有给出证明。费利克斯·伯恩斯坦（Felix Bernstein）和恩斯特·施罗德（Ernst Shröder）分别于1896年、1898年各自独立证明了这一原理，因此，这个定理现在叫作康托-伯恩斯坦-施罗德等价定理。除了引入有关超穷数的新概念，康托这篇内容广泛的论文还精练地总结了自己20年来在发展集合论方面的工作成果。

在创作这个论文的同时，康托还发现了几个看起来矛盾的结果，他将这些发现称为悖论或者佯谬。1896年，在一封写给希尔伯特的信中，康托描述了其中一个，即由所有集合组成的集合。康托认为，既然这个集合是可能的最大集合，那么，它的基数应该是可能存在的最大基数。但是，如同他已经证明的那样，这个集合的幂集将具有更大的基数。希尔伯特和康托都不能解决这个明显矛盾的问题。后来，逻辑数学家重新定义集合论的规则，指出不存在包含所有集合的集合，从而避免了这一悖论。

由于德国其他数学家的批评，康托在生命最后20年中不断为自己引起争议的集合论和证明方法进行有效性辩护。但是他的国际同行对这些工作十分称赞，还被吸收为伦敦数学学会和俄国卡尔科夫（Kharkov）数学学会的荣誉会员。康托的精神和身体状况不断恶化，需要更频繁地住院接受治疗。1918年1月6日，康托在哈雷大学精神疾病诊所去世。

 结语

康托去世后，他关于无穷集合的思想得到数学界的强烈支持，他提出的集合概念已经成为存在于所有数学分支的统一概念,并促进拓扑学、测度论和集合论等新领域的发展。在1900年巴黎第二届国际数学家大会上,希尔伯特列出23个重大数学问题,宣称它们是20世纪数学发展的中心概念,他将康托的连续统假设列为这些问题之首。有关连续统假设、良序原理和基数三分律的后续研究,在严密集合理论的建立过程中起到了重要的作用。通过将康托集合推广到二维和三维,几何学家们构造出许多分形图像,如谢尔宾斯基(Sierpinski)地毯和门杰(Menger)海绵。逻辑数学家和数论家不断地仿照完美的康托对角线法来提出自己的证明。

桑娅·柯瓦列夫斯基

（1850—1891）

女性先驱数学家

桑娅·柯瓦列夫斯基是最早获得数学博士学位的女性之一。她发现了偏微分方程的一个基本原理，还凭借对旋转体的分析获得一项国际数学竞赛的头奖（感谢国会图书馆）。

桑娅·柯瓦列夫斯基（Sonya Kovalevsky，发音为ko-va-LEV-skee）用自己的非凡成就打破了数学中的性别障碍，她是最早获得数学博士学位的女性之一，后来还被任命为大学教授。她在自己的第一篇研究论文中发现偏微分方程的基本原理之一。她分析了非对称物体的旋转问题，并因此获得一项国际数学竞赛的头奖，这种旋转物体后来被称为柯瓦列夫斯基陀螺。她还发现椭圆函数、土星光环以及光在通过水晶时发生折射等问题的性质。

柯瓦列夫斯基原本的俄语姓名以很多种不同方式被翻译成其他语言，并且在各种文献中以不同的形式出现。她的名字有时被写作桑娅或者索尼亚（Sonia），有时又被称作索菲亚，并写成不同形式：Sophia, Sofia, Sofya。她的姓也出现过多种形式，如柯瓦列夫斯基

（Kovalevsky）、柯瓦列夫斯卡娅（Kovalevskaya, Kovalevskaia）等。

 早期数学影响

　　桑娅·瓦西里耶夫娜·克鲁科夫斯基（Sonya Vasilevna Krukovsky）于1850年1月15日出生于俄罗斯的莫斯科。父母都是俄国上层社会成员，接受过良好教育。父亲瓦西里·克鲁科夫斯基是俄罗斯军队的一位炮兵将军，由于父亲担任着军队高级职务，克鲁科夫斯基一家的生活十分充裕。母亲维丽扎维塔·舒伯特来自一个富裕家庭，并接受过教育。祖父费奥多·罗维奇·舒伯特是一位数学家并且负责军队的地图绘制部门。曾祖父费奥多·伊万诺维奇·舒伯特也是一位数学家，同时还是著名的天文学家。

　　桑娅有一个姐姐阿努塔和一个弟弟菲达。为了获得父母的更多关爱和注意，桑娅专注于取得更好的个人成绩。在女家庭教师和保姆的严格管理下，桑娅几乎没有同伴一起玩耍，在这种环境下，她逐渐建立起丰富的想象力。童年的这些方面塑造了她的性格特征，为她的数学生涯提供了很多的帮助。

　　桑娅童年和少年时期，有几个重要事件激发了桑娅的数学兴趣。

　　有一次，父母装修家里的房屋，装修到桑娅的房间时，工人们没有足够的墙纸，于是他们将桑娅父亲在学生时用过的微积分课本撕下来，用这些书页当作墙纸贴在部分墙上。后来桑娅经常花费很多时间盯着墙上的奇怪文字和符号，试图搞懂它们的含义，她还尝试确定这些书页的正确顺序，虽然她不懂其中的数学含义，但是记住了很多公式和符号。

叔叔皮特·克鲁科夫斯基向桑娅介绍了很多有趣的数学概念，如构造相等面积的圆和正方形问题，以及一条曲线趋近直线但是并不互相接触。叔叔对数学的热情和关注激起桑娅的无限想象，也点燃了她对数学的兴趣。

克鲁科夫斯基家为3个小孩聘请家庭教师，讲授众多学科的知识。虽然桑娅也很喜欢学习历史、文学和外语，但是她几乎将所有精力都投入到数学课中，后来父亲发现桑娅忽略了其他课程的学习，于是他命令家庭教师停止教她数学。作为反抗，桑娅悄悄借来代数书，并且在晚上家人都休息后才拿出来偷偷地学习。

当时，克鲁科夫斯基家的邻居是N. N. 泰尔托夫（Tyrtov）教授，他给桑娅送来了一本自己编写的物理教科书，桑娅以极大的兴趣读完这本书。虽然家庭教师没有讲授任何三角形知识，但是桑娅重新找到正弦函数和余弦函数的正确定义，她发现这两个函数代表圆上不同点之间距离的比值。注意到桑娅的数学能力和浓厚兴趣，泰尔托夫教授劝说桑娅的父亲同意她学习更高深的数学知识。

桑娅15岁时，父亲虽然不情愿，但是终于同意她去圣彼得堡的一所海军学校学习。桑娅在那里学习微积分课程，该课程由广受尊敬的数学教授亚历山大·斯特兰诺留勃斯基（Alexander Strannoliubsky）讲授。教授十分惊讶地发现桑娅能迅速掌握课程知识，他禁不住询问桑娅以前是否学过微积分，桑娅向教授解释了她小时候从墙纸上记下了很多公式，所缺少的只是相关含义的解释。

 在德国学习数学

桑娅和姐姐阿努塔都希望进入大学学习并去欧洲旅行。而在

19世纪60年代，俄国大学尚不接收女学生，同时，如果没有丈夫或者男性家人的陪同，俄国女性也不能去欧洲旅行。在决定要去欧洲游学以后，姐妹俩商定，由桑娅嫁给莫斯科大学的学生弗拉基米尔·柯瓦列夫斯基（Vladimir Kovalevsky）。弗拉基米尔是一位理想主义革命者，他同意了两人的计划。为了获得父亲对婚姻的祝福，桑娅在一个宴会上突然正式向父母宣布，她希望嫁给弗拉基米尔。宴会上的所有客人都同时得知这一消息，当着众人的面，父亲不希望女儿的反抗行为造成尴尬局面，被迫同意了婚约。1868年9月，18岁的桑娅·克鲁科夫斯基嫁给了26岁的弗拉基米尔·柯瓦列夫斯基。

1869年春天，3人开始在欧洲旅行以寻求接受大学教育的机会——阿努塔前往法国巴黎、弗拉基米尔去了奥地利维也纳、而桑娅选择了德国海德堡（Heidelberg）。海德堡大学是德国最古老和最受尊重的大学。在那里，女性同样不能正式参加学校的课程，但是桑娅·柯瓦列夫斯基获得了数位教授的许可，可以旁听他们的课程。数学教授利奥·柯尼希贝格（Leo Königsberger）非正式地指导她学习，并持续了一年半时间。意识到桑娅拥有非凡的数学天赋，教授建议她到柏林大学，并推荐她在自己以前的教授和研究导师卡尔·维尔斯特拉斯的指导下学习。

1870年8月，桑娅·柯瓦列夫斯基带着海德堡大学教授的推荐信来到柏林拜见维尔斯特拉斯，为了评估桑娅的数学能力，维尔斯特拉斯交给她一系列数学难题，她仅用一周就解决了所有难题。桑娅给出的解答十分巧妙和清晰，维尔斯特拉斯被深深打动，欣然同意她跟随自己学习数学。像海德堡大学一样，柏林大学也不允许女性正式注册并参加学校课程，虽然维尔斯特拉斯被尊为"数学分析之父"，同时还是欧洲顶尖数学家之一，但是他也没能说服大学破例接收桑娅·柯瓦列夫斯基，最后维尔斯特拉斯教授也只能私下辅导她。

 ## 微分方程的重要发现

　　桑娅·柯瓦列夫斯基花费了4年的时间阅读维尔斯特拉斯的讲义，并当面向他请教所有不理解的细节。她阅读教授所有发表和未发表的研究论文，并和他讨论几何与泛函分析方面的最新理论。在维尔斯特拉斯的指导下，她完成了数个研究计划，并将结果写成3篇研究论文。

　　桑娅·柯瓦列夫斯基的第一篇研究论文是《关于偏微分方程理论》。微分方程从数学上描述一个变量随另一变量改变的变化率。例如公司利润随着产品价格上升的变化率，又如湖中鱼的数量随温度改变的上升率和下降率。之前，维尔斯特拉斯已经发表一些论著来讨论单变量情况的变化率，法国数学家柯西将这些结果推广到多变量情况，桑娅·柯瓦列夫斯基补全了这一研究项目。她给出了确定一个偏微分方程有解的条件，同时明确了在何种条件下解是唯一的。

　　这篇论文讨论解存在唯一性，在微分方程领域作出了主要贡献。1875年，论文作为主要文章发表在德国一流数学杂志《纯粹数学与应用数学杂志》上。这个成果很快受到其他数学研究者的赞扬，查尔斯·埃尔米特（Charles Hermite）称它为未来该领域所有研究的出发点，亨利·庞加莱（Henri Poincaré）将之看作是柯西证明法的重要进展。这一结果被称作柯西-柯瓦列夫斯基定理，并且仍然是偏微分方程理论的基本原理之一。

　　桑娅·柯瓦列夫斯基的第二篇研究论文题为《论某一形式的第三类阿贝尔积分简化为椭圆积分》。这篇论文拓展了维尔斯特拉斯在高级微积分领域的一个成果，并说明如何将所谓的阿贝尔积分的特定形式表达式转化为更简单的椭圆积分，从而使这些困难问题变得更易解决。论文最终于1884年发表在《数学学报》杂志上。

　　第三篇论文是《对拉普拉斯土星光环形态研究的补充和观察》。此前，法国数学家拉普拉斯提出一个革命性的理论来解释太阳和行星的形成过程。在土星赤道上空有一圈由冰和岩石组成的稠密光环，它们围绕土星运动。桑娅·柯瓦列夫斯基给出了这个光环的一些数学性质，她证明光环既不是圆形，也不是椭圆，而是更接近卵形，并且形状持续不断地改变。在这个研究中，桑娅·柯瓦列夫斯基利用被称为幂级数的数学对象，但是她采用了一种新颖的使用方法。庞加莱和其他数学家修改了她提出的幂级数方法，并用来解决其他问题。桑娅·柯瓦列夫斯基的前两篇论文讲述相对抽象的数学领域中的主题，而第三篇论文展示了她解决应用数学和科学问题的能力。这篇论文发表于1885年的《天文学新闻》上。

　　在经过5年成果丰富的研究后，维尔斯特拉斯认为，桑娅·柯瓦列夫斯基的工作成果已经足够获得数学博士学位。由于她没有正式注册为柏林大学学生，大学官员拒绝授予她博士学位。维尔斯特拉斯联系了附近的哥廷根大学的同事，并请他们评阅桑娅·柯瓦列夫斯基的工作成果。结果他们认为这些工作具有最高的水准。1874年8月，哥廷根大学授予桑娅·柯瓦列夫斯基最高荣誉——数学博士学位，由此她也成为继意大利文艺复兴时期之后第一个获得数学博士学位的女性。

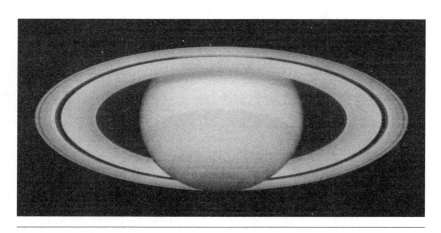

利用幂级数方法,桑娅·柯瓦列夫斯基确定土星光环既不是圆形也不是椭圆,而更接近卵形。并且光环形状持续不断地改变(美国国家航空航天局)。

 数学教授

虽然整个数学界都承认桑娅·柯瓦列夫斯基在微分方程方面的成果以及作为女性取得的非凡数学成就,但是没有一所欧洲大学愿意授予一名女性教员的职位。她遭到了大学的歧视对待,她在申请俄国高等中学(相当于美国的高中)的数学教师职位时也同样遇到类似遭遇。此时她的丈夫弗拉基米尔也已经获得奥地利耶纳(Jena)大学的古生物学博士学位——研究化石,但是他也没能谋得教师职位。带着失望和气馁,两人返回俄国与家人团聚。

在接下来的4年里,桑娅·柯瓦列夫斯基参加了一些非数学活动。当父亲于1875年去世后,她和弗拉基米尔迁至圣彼得堡,在那里,夫妇俩迷上了积极的社交生活。他们尝试多种商业计划,冒险投资出版业、房地产和石油。丈夫开办了报纸《新时报》,桑娅·柯瓦列夫斯基在上面发表了4篇通俗科学主题的文章以及大量戏剧作品的评论。她还创作诗歌，完成小说《大学讲师》，并写出众多关于女权的文章。作为募捐委员会的成员，她协助创建位于圣彼得堡的女子学院高等女子课程学校。但是，最后她还是没有被聘为教员。1878年10月17日，桑娅·柯瓦列夫斯基生下唯一的孩子。她给女儿起名为索菲亚·弗拉基米诺夫娜，并亲切地称之为弗法。

女儿出生后不久，桑娅·柯瓦列夫斯基的注意力重新回到数学上面。她将自己关于阿贝尔积分的论文翻译为俄语，并参加了1879年在俄国圣彼得堡举行的数学和科学会议，第六届自然主义者与物理学家大会。她在会上宣读了翻译的论文，尽管这已经是6年前的研究成果，但与会数学家仍给予了极高的赞扬，并力劝她继续自己的数学研究。桑娅·柯瓦列夫斯基还参加了莫斯科数学协会的会议，并在1881年3月29日被吸收为协会会员。她在柏林与维尔斯特拉斯一起花费了10个月来研究光波与晶体，随后转去巴黎，并很快成为法国数学界的活跃分子。1882年7月，巴黎数学协会吸收她为正式会员。不幸的是，桑娅的丈夫于1883年4月自杀。虽然受到沉重打击，但是她坚持有关晶体介质中光波折射的数学研究。1883年8月，桑娅参加了在俄国敖德萨（Odessa）举行的第七届自然主义者和物理学家大会，会上她报告了这一课题的研究结果。

1883年秋天，桑娅·柯瓦列夫斯基终于获得了斯德哥尔摩大学的一个教师职位。这所大学思想进步，始建于1879年，同时招收男生和女生。大学校长、数学家米塔格-莱夫勒也曾经跟随维尔斯特拉斯学习数学。米塔格-莱夫勒希望自己的学校成为欧洲第一所拥有杰出女性数学家职员的大学，但是，由于其他职员的反对，他只能为桑娅·柯瓦列夫斯基提供为期一年的职位，并且只能担任薪水最低的讲师（Privatdozent）一职。这意味着桑娅·柯瓦列夫斯基可以在大学授课，但是所有的报酬直接来自听课的学生，学校并不提供任何固定的薪水。

 ## 关于光波的研究

　　桑娅·柯瓦列夫斯基用了7年的时间从一个大学里的边缘职员成长为欧洲数学界的一位积极成员，并获得大家的普遍承认和尊敬。数百名同事和学生参加了她讲述微分方程的第一节课，下课时，听众们不禁为她的精彩课程鼓掌祝贺。仅仅6个月，她就掌握了瑞典语，并能用瑞典语来给学生上课。在第一年任期结束时，校长米塔格-莱夫勒已经通过私人捐助获得足额资金，并向桑娅·柯瓦列夫斯基提供任期5年的特别讲师职位，她也成为一百多年以来欧洲大学中第一位获得正规教员任命的女性数学家。当《数学学报》任命她为编辑委员会成员之一时，桑娅·柯瓦列夫斯基又是第一位担任主流数学杂志编辑的女性。在这个新职位上，她阅读了各国数学家投来的研究论文，并协助组织全欧洲的学术会议。

　　桑娅·柯瓦列夫斯基继续自己在光波方面的研究，并将研究成果发表在3本数学杂志上。1884年，法国著名科学杂志《科学院报告周评》刊登了她一篇论文的简短总结，这篇论文题为《论光在晶体介质中的传播》。另一篇类似的总结《论光在晶体介质中的折射》于1884年发表在瑞典杂志《学术成果评述》上。1885年，德国杂志《数学学报》全文刊登了她的55页研究报告《论光在晶体介质中的折射》。

关于柯瓦列夫斯基陀螺旋转的获奖成果

1888年，桑娅·柯瓦列夫斯基参与竞争法国科学院设立的鲍罗丁奖（Prix Bordin），竞赛要求竞争者研究刚体绕定点的旋转问题。桑娅·柯瓦列夫斯基从数学生涯一开始就对这一问题十分感兴趣，并且从1884年起开始进行积极的研究。这类运动的一些简单情况包括旋转陀螺、陀螺仪和钟摆。在之前的一百年里，许多著名数学家如欧拉、拉格朗日、泊松和雅可比等都研究过这个问题并发现两种可能的旋转形态。桑娅·柯瓦列夫斯基发现，非对称物体存在第三种旋转方式，她发现的这一不规则旋转物体后来被称为柯瓦列夫斯基陀螺。她对这一困难问题提出的完美解答一举赢得竞赛胜利。评委们认为她的结果是对数学物理极为杰出的贡献，因此把奖金从3 000法郎提高到5 000法郎。1888年平安夜，在法国众多优秀的数学家和科学家面前，她被授予鲍罗丁奖。她是仅有的第二位获得法国科学院重要奖项的女性。

《数学学报》于1889年刊登了桑娅·柯瓦列夫斯基的解答论文《刚体绕定点旋转问题的研究》。她在这一问题上的后续研究又产生了两篇论文，其中一篇为1890年发表在《数学学报》上的《绕定点刚体旋转的主管微分方程系统的特性研究》。另一篇62页的文章成为1894年版《提交给法国国家研究院科学院的学者报告》的主要论文。报告题目是《关于重物绕定点旋转问题的一个特殊情形，其积分可借助时间的超椭圆函数实现》。

桑娅·柯瓦列夫斯基在旋转问题上的成果深深影响了数学物理领域的研究。欧洲众多国家的数学家称赞她对复分析、阿贝尔函数和超椭圆积分的熟练应用,同时也十分赞扬她对一般问题提出的简明、直接和完整的分析。俄罗斯数学家N. E. 茹科夫斯基(N. E. Zhukovski)认为她的分析十分精彩,并推荐所有大学水平的分析力学课程都应该包含这些分析内容。直到一百多年以后,数学物理学家们仍然在使用她引入的渐进方法。她对旋转问题的分析非常完整,虽然现在仍然有人研究同一问题,但是再也没能发现新的旋转类型。

鲍罗丁奖只是欧洲数学界授予桑娅·柯瓦列夫斯基一系列荣誉的第一个,有关旋转问题的工作为她赢得了众多赞誉。1889年,斯德哥尔摩科学院颁给她1 500克朗的奖金。同年,法国教育部授予她"公共教育官员"的荣誉称号,这个称号显示她已经赢得了该国数学界的普遍尊重。1889年6月,斯德哥尔摩大学聘任她为永久教员,并任命她为终身数学教授,自从意大利文艺复兴以后,还没有其他女性获得过欧洲大学的终身任命。1889年12月2日,她成为俄罗斯皇家科学院第一位女性院士。桑娅·柯瓦列夫斯基原以为这一任命标志着俄国社会风气的改变,但是即使拥有这一荣誉称号,她还是没有资格参加学院会议,也没有获得俄国大学的教师职位。

 小说家和戏剧作家

除了数学研究,桑娅·柯瓦列夫斯基还热爱文学和表演艺术。童年时,她和姐姐阿努塔就与俄国小说家费奥多·陀思妥耶夫斯基(Fyodor Dostoyevsky)成为朋友。从那时起,她与众多欧洲作家建立起友谊关系,并创作有关社会反抗的小说和戏剧。她的短篇小说

《一个女虚无主义者》描写了19世纪70年代俄国社会革命时期的生活景象。自传《童年的回忆》描写了她还是小女孩时在俄国的成长经历。这本书以多种语言出版，包括俄语、瑞典语和丹麦语。以这本书为原型的还有一本虚构小说《来自俄国的生活：拉耶夫斯基姐妹》，这部小说刊登在俄国杂志《欧洲消息》1890年的两卷本中。两个版本都受到文学批评家的热情评论，他们将这两篇小说比作当时俄罗斯最优秀的文学作品。在瑞典的几年里，柯瓦列夫斯基与米塔格-莱夫勒的妹妹安娜·卡罗塔·莱夫勒（Anna Carlotta Leffler）一起创作了戏剧作品《为了幸福而斗争：是什么与本应是什么》，于1890年分别在瑞典和俄国上演。

1890年，桑娅·柯瓦列夫斯基作出自己在数学上的最后贡献，她为势论中的一个定理找到了更简单的证明，这个定理是物理学家海因里希·布伦斯（Heinrich Bruns）在较早时候证明的。她写了一篇短文《关于布伦斯先生的定理》，并于1891年发表在《数学学报》上。

在从法国里维埃拉（Riviera）结束度假返回瑞士时，桑娅·柯瓦列夫斯基遇到了冬季的暴风雪，并患上了严重的肺炎和流感。6天后，也就是1891年2月10日，她不幸去世，年仅41岁。桑娅·柯瓦列夫斯基被葬在瑞士，也是她入籍的国家。

结语

在学术生涯中，桑娅·柯瓦列夫斯基在数学研究领域有两个重要贡献。柯西-柯瓦列夫斯基定理是偏微分方程领域的基础性结论，她在旋转问题上的研究和柯瓦列夫斯基陀螺仍然是该主题最先进的结果。作为学生、教授、编辑和研究者,她取得了众多成就,在由男性主导的数学界中,她证明女性也能理解数学领域并作出贡献。

在她去世后不久,当年由她协助建立的圣彼得堡高等女子课程学校出资创立了一个由柯瓦列夫斯基名字命名的奖学金项目。为了纪念桑娅·柯瓦列夫斯基,俄国邮政局发行了一枚印有她头像的邮票。作为一个仍在举行的纪念活动,从1985年开始,数学妇女协会每年举办桑娅·柯瓦列夫斯基数学日,高中女生在这一天可以参加讨论会、报告和解题竞赛活动。

十　亨利·庞加莱

（1854—1912）

博学多才的数学家

虽然处在一个越来越专业化的时代,亨利·庞加莱（Henri Poincaré）（发音为Ahn-Ree PWON-kar-ray）却是一位通才。他为数学和物理学的众多分支提出了有影响力的概念,包括分析、拓扑、代数几何和数论。此外,还有天体力学、流体力学和相对论。他为复分析发展出自守函数概念并引入多复变量解析函数理论;他提出的曲面基本群概念导致代数拓扑学的建立;他给出了著名的庞加莱猜想,这个猜想与球的拓扑性质有关,并导致长达一个世纪的成果丰

在所写的500部书和论文中,亨利·庞加莱为数学引入了数个新分支领域,包括代数拓扑学、混沌理论和多复变量理论（国会图书馆）。

富的研究。在数学物理方面,他关于三体问题的研究工作赢得了一项国际数学竞赛的头奖,这些结果还建立起混沌理论。他创作的天体力学著作广泛流传。此外,他还为狭义相对论提出了两个基本陈述。由于其研究成就的广度和深度,庞加莱被选为法国科学院所有

5个学部的成员。

 ## 早期生活和教育

  1854年4月29日，朱尔斯-亨利·庞加莱出生在法国东部洛雷恩（Lorraine）地区的南锡（Nancy）城。父亲里昂·庞加莱是南锡大学的医生和医学教授。母亲欧叶妮·劳诺斯是一位有学识的女性。在亨利和妹妹艾琳还没上学的时候，母亲就开始教他们读书写字。庞加莱家族有不少显赫的亲属，其中，他的表兄雷蒙德·庞加莱，雷蒙德曾任法国总理并在第一次世界大战时期担任法国总统。

  庞加莱小时候十分害羞，身体虚弱。他的视力很差，同时身体缺乏协调性。5岁时他患上白喉，导致喉部麻痹，在长达9个月的时间内都不能讲话。1862—1873年，他在南锡中学度过小学和中学时光。为了纪念他，现在这所学校改名为亨利·庞加莱中学。他在绝大多数课程中都取得了优异成绩，并显露出写作方面的天赋。在高中的最后一年，庞加莱参加了全国数学竞赛（concours general）并赢得第一名。

  1873年，庞加莱参加综合工科大学的入学考试。这所位于巴黎的大学提供数学、科学和工程教育，并引导学生为法国国家服务。虽然绘画考试得了零分，但是庞加莱其他科目的成绩非常优异，最后考官破例接收他为学校学生。他在体育运动、艺术和钢琴演奏方面十分吃力，但是在数学、写作和科学课程中表现优秀。庞加莱发现上课时很难看清黑板上的内容，因此他从不记课堂笔记。庞加莱只是听老师的讲话，吸收其中的信息并想象所讲的概念。他逐渐发展起过目不忘的能力，写作时也一次成型，从不做任何修改。在数学家埃尔米特的指导下，庞加莱写出了第一篇研究论文《曲面指标特性的新证明》，并于1874年发表在《新数学年报》上。

1875年，庞加莱从综合工科大学毕业后又到矿业学校（École des Mines）继续学习，他在那里研究采矿工业的科学和商业方法，并继续高级数学研究。1879年，他获得了普通工程师职任，随后加入法国矿业集团（Corps des Mines）担任法国东北部威祖尔（Vesoul）地区的检查员。在工作的第一年，他就负责调查法国马尼一起导致18人死亡矿难的原因。1881—1885年，他在公共服务部担任工程师，负责北部铁路的发展。庞加莱对采矿的兴趣持续一生，1893年，他升任矿业集团总工程师，并于1910年担任总检察长。

在为矿业工程师学位奋斗的同时，庞加莱还攻读数学方面的高级学位。在埃尔米特的指导下，他完成了博士论文《偏微分方程所定义函数的性质》。庞加莱在论文中研究一类函数的几何性质，这些函数的导数满足特定的条件。审阅论文的数学家积极评价论文内容的深度。这些研究成果使他于1879年获得巴黎大学的数学博士学位。

庞加莱最初在法国卡昂（Caen）大学担任两年的初级数学讲师，随后成为巴黎大学的正式职员和数学分析教授。他在这个学校任职长达31年。庞加莱在不同时期担任过学校的多种职位，包括物理与实验力学首席教授、数学物理与概率首席教授、天体力学与天文学首席教授。1881年，也就是获得巴黎职位的同一年，他与珍妮-路易-玛丽·珀蕾·德安德西结婚。在婚后的12年里，两人生下珍妮、伊冯、亨丽艾特3个女儿和儿子里昂。

庞加莱是一个多产的作家，共发表了近500篇的研究论文和30

本著作。在数学方面，他的研究工作在多个分支领域作出贡献，包含微分方程、代数几何、复变函数论、代数拓扑、数论、代数和概率。他在物理学领域做出大量的应用研究，并发展了众多概念。这些工作涵盖了天体力学、数学物理、相对论、电磁学、流体力学和光学理论。在多个数学和物理分支中，他的研究都持续长达十几年，并与其他领域的工作重叠进行。庞加莱在学术生涯中多次同时开展 5 个不同研究项目。

 ## 自守函数

复变函数理论是庞加莱早期数学工作中成果最丰富的研究领域之一。1881—1883 年，他在《科学院报告周评》上发表了 14 篇题为《论富克斯函数》的论文。这些论文引入一类现在称为自守函数的特殊函数，自守函数可以写为 $f(z)=\dfrac{az+b}{cz+d}$。庞加莱用德国数学家拉扎勒斯·富克斯（Lazarus Fuchs）的名字来命名这些函数，因为是富克斯的工作引导庞加莱做出这些发现。自守函数是发现的第一类无穷周期函数簇特例，无穷周期函数是指存在无穷多常数 k 使得 $f(z)=f(z+k)$。它们极大地扩展了简单三角周期函数和双周期椭圆函数的概念。庞加莱还将自守函数群的代数性质与相应基本域的几何性质联系起来，并在二者之间建立起关系。

庞加莱的相关论文《富克斯函数论文集》出现在 1882 年的《数学学报》上。在论文中，他引入了一类无穷求和，即所谓的 θ 级数，这个级数等于一个自守函数所有周期的和。庞加莱在论文中分析了

级数的收敛性,它们导数之间的关系以及对应区域的几何性质。在稍晚的论文中,他将这一概念扩展到θ富克斯函数和ζ富克斯函数,这些函数是由自守函数及其导数组合得到的。由于对自守函数的广泛研究,庞加莱于1887年当选为科学院成员,年仅32岁。

1883年,庞加莱的论文《论整函数》发表在《法国数学协会报告》上。他在论文中建立起整函数的数个性质,所谓整函数,是指导数在复平面上任意点都存在的函数。庞加莱研究了整函数的一个几何性质亏格以及表述整函数的无穷级数,他给出了亏格与相应级数系数之间的关系。庞加莱还确立了一般单值化理论,这个理论给出了当何种条件满足时,整函数对应的曲面可以和一个更简单的几何曲面联系起来。

庞加莱将自己的复变函数研究推广至多变量函数情况,建立起研究多变量复变函数理论的基本方法。1883年,他与同胞埃米尔·皮卡德(Emile Picard)一同在《周评》上发表论文《论关于存在$2n$周期系统的具有n个独立变量函数的黎曼定理》。两人证明,一类名为亚纯函数的特殊双变量函数只能出现在两个自守函数相除时。在此后一些关于多复变量函数的论文中,庞加莱研究了一系列概念,如多重调和函数,保角变换和复函数积分的留数。与自守函数的工作不同,庞加莱在整函数和多复变量函数方面作出的贡献打开了新研究领域的大门,相关领域的研究成果丰富,并一直持续到现在。

代数拓扑

1895至1904年的十年间,庞加莱发表了6篇论文,在这6篇论文中,庞加莱建立起名为代数拓扑学的数学分支,代数拓扑学利用函数群来研究几何曲面的性质。这个数学领域的原始称呼首次出现在1995年的论文《位置分析》中,这篇论文发表于《综合工科大学杂志》,后来该数学分支才被改成更为贴切的名称——代数拓扑。这篇论文还引入曲面基本群的概念,并将这一概念扩展为相关群的无穷序列,后来此概念被称为同伦群。另外5篇论文与前一论文题目类似,其中庞加莱引入附加的群序列,即同调群和上同调群,它们的结构对应着曲面其他性质。他还提出庞加莱对偶定理将这些概念联系起来,这个定理在 n 维曲面的 k 阶同调群与 $(n-k)$ 阶上同调群之间建立起了一一对应的关系。

在这一系列作品中,庞加莱还介绍了一种新方法,用来分析由较简单几何形状构成的曲面性质。利用名为三角剖分或重心剖分的方法,他证明每一曲面都具有欧拉-庞加莱示性数,该常数等于构成曲面每一维的较简单几何形状个数的和或差。这个概念推广了瑞士数学家欧拉于18世纪发现的多面体"边加二"公式。

庞加莱在代数拓扑系列论文中提出了一个重要思想,后来人们称之为庞加莱猜想。庞加莱证明,任意二维曲面如果具有与球面相等的同伦群、同调群和上同调群,那么,这个曲面必然拓扑等价于球面。1900年,他进一步猜想这个结论对任意维空间都成立,但是发现了一个三维反例。从那时起,拓扑学家们已经证明这一定理对所有高于三维的空间都成立。他们为解决这一问题做出了大量工作,由此产生了众多的新方法和新发现。

2000年时,克莱数学研究所为该猜想的有效证明悬赏100万美元。2003年,俄罗斯数学家格利高里·佩雷尔曼(Grigori Perelman)发表了一篇论文,其中的证明可能已经解决了这一问题的三维情况。

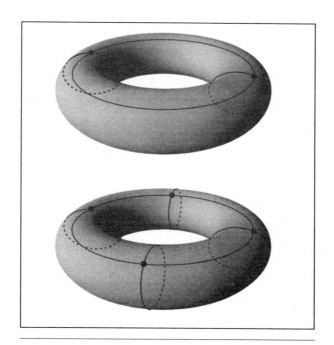

欧拉-庞加莱示性数是曲面的一个拓扑不变量。对给定曲面的任意三角剖分，每一维内组分个数的交错和都给出相同的示性数值。图中两个不同三角剖分将同一环面分别划分为2个点、4条曲线和2个二维曲面的集合以及4个点、8条曲线和4个二维曲面的集合。两种划分都得到欧拉-庞加莱示性数等于零，因为其计算方法分别为2-4+2=0和4-8+4=0。

数学家们仍然在仔细检查他的证明过程，以最终确定证明是否正确。

 ## 其他数学领域的贡献

除了复变函数和代数拓扑方面的研究，庞加莱还为其他5个数学领域贡献出了新概念和技巧。1878—1912年，庞加莱几乎每年都写出至少一篇有关微分方程的论文。微分方程是由未知函数的导数和函数本身所满足的关系式给出的方程。1880—1886年,他在《纯粹数学与应用数学杂志》上发表了一组论文《微分方程所定义曲线的研究论文》,共计4篇,极大地发展了微分方程理论,使该理论超越以前有限的积分技术。前两篇论文提出一个定性方法来描述给定微分方程解的完整集合。庞加莱将x-y平面投影到球面,然后分析结点、鞍点、螺旋点和中心点的个数,从而能够分析原方程的解。因为投影后的图像在这四类特殊点附近有特别的几何性质。在第三篇文章中,他将平面投影到更为一般的曲面,并明确被称作曲线亏格的数值不变量。这个不变量与结点、鞍点和螺旋点的个数有关。这组文章的最后一篇将理论扩展到包含更高阶导数的方程。庞加莱对定性方法的研究十分彻底,并建立起完整理论,只留下很少的一些问题给其他数学家研究。他在微分方程方面的最后一篇论文是处理天体力学中的相关应用。

1881—1911年,除了自守函数方面的研究论文,庞加莱还在代数几何方面发表了同样多的论文。其中一个工作中心是明确在何种条件下,阿贝尔函数群可以化简为较简单函数的和。他证明了完全可约性定理,说明阿贝尔簇可以分解为简单簇的和,并且这些简单簇中只存在有限多个相同元素。他在这方面最重要的贡献是1910年的论文《论代数曲面上的轨迹曲线》,发表在《高等师范大学年报》上。他在文中引入一种技巧,用阿贝尔积分的求和来表示曲面上的代数曲线,因为阿贝尔积分更容易分析。该技巧使他能够给出一些已知结果的更简单证明,还解决了代数几何中的一些未知问题。

庞加莱在数论方面的论文主要发表于1878—1901年。受论文指导老师埃尔米特的影响,他早期工作介绍了有关二次和三次形式的结果,包括整系数形式亏格的第一个普适定义。他在这一领域最重要的工作是1901年的论文《论代数曲线的算术性质》刊登在《纯粹数学与应用数学杂志》上,他在论文中解决了丢番图问题。所谓丢番图问题,是指寻找具有有理坐标的点(x, y),使其满足有理系数多项式方程。作为第一篇针对有理数域上代数几何的论文,这个作品为数论经典问题引入了新的研究技巧。

庞加莱为代数领域发展了众多新概念,其中有两个具有特殊的重要性。1899年,论文《论连续群》发表在《周评》上。文中介绍了所谓封裹代数的新概念,同时提供了该代数中基的构造方法。这一定理现在叫作庞加莱-伯克霍夫-威特(Birkhoff-Witt)定理,并成为近代代数理论的基本成果。1903年,庞加莱在《纯粹数学与应用数学杂志》上发表了论文《论线性方程的代数积分和阿贝尔积分的周期》。他在这篇论文中引入了所谓的左理想和右理想的重要概念,这些概念催生出环论的众多发展。

作为巴黎大学的数学物理与概率首席教授,庞加莱为非专业读者撰写了许多概率论主题的文章。1807年,他的文章《偶然性》刊登在《月度评论》上。文中解释了不可预测的独立发生事件为何共同满足一些模式,而这些模式可以由概率学规律描述。1896年,他为所在大学的学生创作出一本更正式的教科书《概率理论》,该书于1912年出版了修改后的第二版。

物理学贡献

终其一生,庞加莱应用数学技巧研究许多物理现象。"三体问题"是他首先试图解决的应用科学问题之一,该问题是天体力学中的经典情况,主要处理3个天体由相互之间的万有引力引发的位置和运动问题,如太阳、地球和月球。1883年,论文《论三体问题的某些确定特解》刊登在《天文学报告》上。其中庞加莱说明,如果最大天体的质量远远大于另两个时,三体问题存在无穷多个解。1887年,瑞典国王奥斯卡二世(Oscar Ⅱ)出资创立一项竞赛,寻找关于n体问题的最佳论文。两年后,评委团将大奖颁给了庞加莱,以表彰他提交的论文,该论文彻底地处理了三体问题的一些限制情况。在发表前的论文评审中,《数学学报》杂志的编辑米塔格-莱夫勒发现了一个严重错误,这个错误导致所得结论不正确,在随后的一年中,

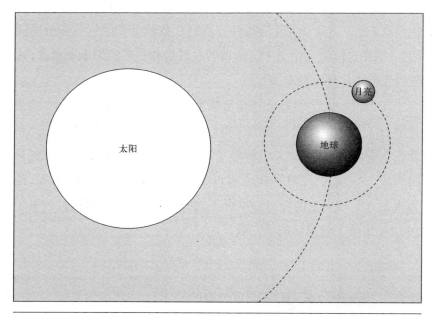

太阳、地球和月球的运动由它们之间的万有引力决定。这是三体问题的一个典型例子。庞加莱对这一主题的研究为他赢得了一项国际数学竞赛的头奖,并促使混沌理论的发展。

庞加莱与米塔格-莱夫勒通信讨论这一问题。在由50封信件组成的通信集中,庞加莱发展出一个新的理论,他揭示出,即使其中某一天体的初始位置发生微小改变,也会使长时间演化后的结果大不相同。1890年,庞加莱将这些思想融合入了论文《论三体问题与动力学方程》。论文还引入混沌理论,该数学分支研究在看似随机的情况中发生的有序斑图,在这样的数学系统中,初始条件的微小改变会导致结果的重大变化。

庞加莱在自己的学术生涯中一共写出了大约100篇天体力学方面的论文和书。天体力学是研究天体运动的物理学分支。他创作的3卷本专著《天体力学新方法》于1892至1899年间出版,此外还有1905至1911年出版的3卷本讲义《天体力学课程》,这些著作将天体力学建立在严格的数学基础之上。在长达130页的论文《论旋转运动驱动下流体物质的平衡》中,庞加莱证明,类似星体的旋转流体会不断改变形状,从最开始的球形变为椭圆,随后变为梨形,直至破裂为不等的两部分。这篇长论文刊登在《数学学报》上。

庞加莱还研究数学物理方面的问题,并发现狭义相对论的两个基本命题。1898年的论文《时间的测量》发表在《形而上学与伦理学评述》上。庞加莱在论文中明确地表达了一个原则,即不存在绝对运动,因为没有任何力学或电子力学实验能够区分匀速运动状态和静止状态。1905年,他又发表论文《论电子动力学》,并断言物体移动不可能超过光速。这篇论文发表在《周评》杂志上,比阿尔伯特·爱因斯坦(Albert Einstein)的5篇狭义相对论论文中的第一篇还早出现了1个月,因此也被物理学家们看作是这一革命性理论的第一篇文献。

如果将庞加莱研究过的科学议题做成列表,那么几乎物理学所有方面都会被包括进来。他发表了70篇物理学著作,研究主题包括电磁波、电学、热力学、光学、势论、弹性和无线电报。在这些主题广泛的书和论文中,最有影响力的是1896年的论文《阴极射线和焦曼理论》,刊登在《电子照明》上。庞加莱在论文中提出X射线与磷光相关联的思想,受这一想法的启发,法国物理学家亨利·贝克勒尔(Henri Becquerel)最终发现了放射性现象。

 ## 研究方法和通俗科学

1908年,庞加莱在巴黎普通心理学研究所做了题为《数学创造》的演讲。他分析了自己在重要数学发现时的思想过程和工作习惯。同年稍晚时,他出版了著作《科学与方法》,详细描述同一主题,这本书传播十分广泛。在演讲和书中,庞加莱披露了自己每天花4个小时进行积极的研究工作,上午和下午各2个小时,而在晚上主要阅读数学杂志。同时他还指出在一天中的其他时间里,虽然表面看来自己没有工作,但是潜意识仍在不停地分析已吸收的信息,寻找其中的联系并斟酌如果换个方向考虑问题能否获得成功。根据他的理论,发现创造除了来自个人的自觉努力和逻辑分析,还依赖于下意识的灵光一现,两方面的因素同等重要。

庞加莱相信,新知识的获得只部分依赖于逻辑分析,因此他批评威尔士数学家伯特兰·罗素(Bertrand Russell)和其他数学家的做法。当时,这些人试图从集合论的基本公理出发,通过严密的逻辑过程重建整个数学学科。庞加莱坚信数学本质超出简单逻辑的范畴,因此他曾预言,将来的数学家们在回顾这个时代时,会庆幸数学从集合论的病态中脱离出来。

尽管发表如此多的批评言论,庞加莱本人还是十分乐观。他在通俗科学方面的作品吸引了众多有文化的公众,并激起读者对最新科学发现的兴趣。他于1902年完成了著作《科学与假设》,出版10年后在法国就售出1.6万册,并被翻译成23种语言。1905年他又写成《科学的价值》,家人在他去世后的1913年出版了合集《最后的思想》,这两本书也向众多国家的广大读者传播了庞加莱的科学思想。

由于庞加莱的杰出成就,他一生中被同时代的人授予大量荣誉。为表彰他在三体问题方面的工作,1889年,法国政府封他为荣誉勋位(de la Légion d'Honneur)爵士,法国科学院选举他为几何、力学、物理、地理和航海所有5个学部的成员。1906年,同事们又推举他为学院院长。由于在通俗科学方面发表高质量的著作,庞加莱还被法国文学界吸收为法国研究院下属文学分支机构法国学院的成员。欧洲和美国众多学术团体吸收他为荣誉成员,此外,许多大学授予他荣誉学位。

1912年,庞加莱接受了前列腺癌手术,在术后恢复期间不幸于7月17日去世,时年58岁。

结语

作为一位雄心勃勃的研究者和多产的作者,亨利·庞加莱度过了成果丰硕的34年学术生涯。在此期间,他为数学和物理学中绝大多数分支领域贡献出新的概念和方法。数学方面,他引入了代数拓扑、混沌理论和多复变量理论的新领域。关于自守函数、整函数和亚纯函数的研究促进了复变函数理论的前进。他发展起了微分方程的定性技术，引入了代数的左理想和右理想。他彻底研究了三体问题，并且在狭义相对论的基本概念方面做出了先驱性工作。而这仅仅是他在众多物理领域所作贡献中的两个。文学方面，他创作通俗科学读物，使普通民众有机会接触科学发现的方法。庞加莱的丰富知识使他能够与数学和物理各分支领域的专家学者进行平等的交流，他是当之无愧科学界中心人物。